(第2版)

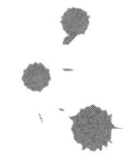

应用行为分析入门手册

Understanding **Applied Behavior Analysis, 2nd Edition**
An Introduction to ABA for Parents, Teachers, and other Professionals

[美] 阿尔伯特·J. 卡尼 (Albert J.Kearney) / 著

马凌冬 / 译

华夏出版社
HUAXIA PUBLISHING HOUSE

谨以此书献给我的老师、人生导师和朋友——乔·考泰拉（Joe Cautel, 1927-1999），感谢你在很早以前帮我理解应用行为分析。献给我的同学、同事和朋友玛丽·格蕾丝·巴伦·莫兰（Mary Grace Baron Moran, 1945-2015），如果曾经有一位积极鼓励我的人，那就是她。

致　谢

写致谢的问题之一是害怕漏掉某人。如果要提到每个帮我学习应用行为分析，协助本书的出版，或以其他方式对这本书做出过贡献的人，那么这本书会厚一倍。

然而我绝对必须感谢某些人。首先感谢在我学生时代就教我应用行为分析的三个人，乔·考泰拉、阿尔·尤格尔拉（Al Jurgela）和布鲁斯·贝克（Bruce Baker），以及第一位在应用行为分析领域提供工作机会给我的人——梅纳德公立学校（Maynard Public School）学生服务部主任迈克·法比安（Mike Fabien）。

在本书的写作过程中，一些具有应用行为分析专业背景的老朋友和亲戚阅读了手稿的各种"版本"，并提供了无数有益的建议。这些人包括利兹·克劳利（Liz Crowley）、谢利·格林（Shelley Green）、布雷恩·亚德蕾（Brain Jadro, BCBA）、梅根·马蒂诺（Meghan Martineau, Ph.D, BCBA-D）、奇尼叶·诺利萨（Chinye Nolisa, BCBA）、朱迪·鲁滨逊（Judy Robinson）、约翰·斯福尔扎（John Sforza）和让娜·克桑图斯（Jeanne Xantus）。感谢我在杰斯卡·金斯利出版社的新朋友，史蒂夫·琼斯（Steve Jones）、梅拉妮·威尔逊（Melanie Wilson）、露茜·米歇尔（Lucy Michelle）、萨拉·明蒂（Sarah Minty）和丹妮尔·麦克莱恩（Danielle McLean），谢谢他们的帮助与耐心。

因为帮助可以有多种形式，如果不腾出篇幅来感谢在梅纳德公立学校的好朋友们，那我一定是失职了。由于组织能力欠缺，我很难整理所有这些松散的纸张和文件。如果没有他们的帮助，这本书不可能最后被编辑在一起。

最后要感谢的是另一位卡尼博士（Dr. Kearney）——我的妻子安妮，她在南岸心理健康中心（South Shore Mental Health Center）任行动治疗师（Action Therapies）。安妮参与了整个写作过程，并在每个阶段都做出了很大贡献。

目 录

致读者 ··· 1

第一部分　应用行为分析的基本知识 ································· 1

 第一章　什么是应用行为分析？ ······································ 3
 第二章　什么是行为？ ·· 10
 第三章　什么是前提？ ·· 20
 第四章　什么是后果？ ·· 28
 第五章　还有哪些学习方法？ ·· 51

第二部分　融会贯通 ·· 57

 第六章　什么是行为分析？ ·· 59
 第七章　接下来做什么？ ·· 77
 第八章　什么是行为教育？ ·· 108
 第九章　总结 ·· 126

附录　还有哪些应用行为分析方面的书？ ························ 130
索引 ·· 135
译后记 ·· 145

致读者

已经有无数的学术文献和精确的科学文章阐述应用行为分析（Applied Behavior Analysis，以下简称 ABA），这本书不是其中之一。《应用行为分析入门手册》是为了帮助以下这些人而特别编写的：孩子正在接受以 ABA 为基础的干预方案的家长，为接受以 ABA 为基础的干预的学生提供服务的老师和管理人员，在一线直接与这些孩子工作的专业人员，以及其他在 ABA 专家指导下工作的任何人员。本书通过简单介绍 ABA 的基本术语、基本原则和常用的操作程序来达到目的。

虽然这是一本普通的 ABA 读物，但你一定会发现不少与有孤独症谱系障碍（ASD）的儿童有关的例子。很多刚开始接触 ABA 的人员之所以受其吸引，是因为与他们有亲近关系的某个孩子被诊断为有孤独症谱系障碍。目前大部分对 ABA 的宣传和兴趣是因为 ABA 对孤独症谱系障碍是有效的，所以这也是本书的重点所在。但 ABA 绝不仅限于服务孤独症谱系障碍，ABA 在特殊教育中的应用只是冰山一角。当你阅读这本书的时候，我鼓励你尝试思考更多关于 ABA 在日常生活中的应用。

可能很多读者发现，虽然通过阅读本书，一定会对"应用行为分析"有更深入的了解，但这仍是第一个让他们感到困惑的词。为了帮助你开始学习，你应该知道，ABA 是一种改变行为的方法，通过以科学实证的学习原则来实现改变。在应用行为分析中，我们把目标集中在对某人在某方面有重要的社会意义的行为上。作为一种科学的行为改变方法，ABA 包括了大量对干预计划的监督，对希望改变的行为数据的收集，对干预程序的有效性不断进行评估。

多年来，大多数科学领域都形成了自己广泛并让人困惑的专业词汇，ABA也不例外。对于刚刚接触ABA的人来说，术语可能会让人望而生畏。教育工作者经常抱怨一些提供ABA培训方案的专家总是使用难懂的术语。这本书的一个主要目标是让ABA领域中常用的术语不再神秘。过去，有不少读者在学习ABA过程中感到困惑与沮丧，甚至决定放弃，我希望通过解释专家们所谈所写来帮助读者开始学习。

《应用行为分析入门手册》介绍了基础知识，也就是ABA的基石。虽然ABA是应用行为分析的缩写，但就本书而言，字母ABC具有双重含义。使用ABC的概念，是为了让那些对ABA不太懂或者完全不懂的读者知道，ABC是应用行为分析的底色。对于比较了解ABA的读者，ABC也代表应用行为分析的三大基石，即B.F.斯金纳称之为条件型强化物的前提、行为和后果。这本书准确直观地介绍了这三大基石和其他行为分析的术语和概念。

除了对应用行为分析的介绍，这本《应用行为分析入门手册》把ABA的专业术语用读者容易接受的方式和浅显的语言翻译出来，就像ABA术语的一本词典。与其使用正式的名词定义，不如用日常生活中常识性的语言来解释ABA术语。我希望你可以通过本书理解ABA的基础词汇。本书包括的词汇严格来讲不全是ABA术语，但它们都带有ABA的味道，并且经常出现在ABA使用的地方。

我会尽量帮你用轻松的方法来读这本书。我尝试用一些幽默来帮助第一次接触行为分析用语和文献的读者减少焦虑。虽然本书写作风格轻松，但内容与研究生水平的教科书一样准确。单读这本书不会让你成为ABA的专家，我希望它会让你成为一个知情的消费者或有见识的观察者。

在第一部分——"应用行为分析的基本知识"中，我会详细地解释什么是ABA，并谈论ABA的基本原则或者基石——前提、行为和后果。在此基础上，再介绍各种操作式学习和操作式条件反射的强化程序表，还会简单介绍一些其他的学习方法。在第二部分——"融会贯通"中，我们会更多地谈论通过把行为分析的科学性实际应用到现实生活中，以此解决日常的行为问题。描述用系统的行为评估的方法和许多更常见的行为干预技术为儿童服务。行为分析师很有创意，新的应用方法层出不穷。当然，我们在这里介绍的ABA技术并不完整，但一定介绍了你可能会遇到的关键技术。

这本书应该是一本"他们到底在说什么"的书，而不是"他们为什么这样做"的书，所以对于寻找一本详细地教"如何做"的指南的读者，这本书并不适合。市面上已经有很多优秀的"如何做"的书，会在附录部分提及一些。由于篇幅有限，我会尽量在本书中零星地加入一些建议。

我曾试图用尽可能多的例子来阐明所呈现的概念，但例子可以变得乏味，尤其是反反复复地使用**他们**、**学生**、**孩子**等单词之后，所以我在举例中选择使用几个虚构的朋友。一些读者可能会记得，用来扮演孩子（偶尔是成年人）在例子中的角色，可以带来不同的视角。

这本《应用行为分析入门手册》可用于多方面。它既可以从头读到尾，也可以像使用不按字母排序的词汇表一样来使用。本书不是通过零散地查询各种术语而学习，为了帮读者更完整地理解术语和概念之间是互相连接的，与其把术语按字母顺序排列，不如采用有逻辑的顺序，也就是先让读者熟悉一些基本术语，再看到其他术语时就会容易理解。①

看完这本书之后，读者可以把它当成一本快速方便的参考书，放到手边的书架上，或者当成一本更专业的文本来陪伴你。正如一位读者所建议，你可以把这本《应用行为分析入门手册》当作ABA读物中的一把瑞士军刀！

这本书经过多年的酝酿而成，包含了无数人的贡献。如果你对未来的版

---

① 编注：根据中文阅读习惯，中文版将原文中的"快速参考A到Z"作为本书索引呈现，置于正文之后，排列顺序以术语的英文首字母为准。

本有任何意见或建议，或者对任何概念有好的现实生活中的例子，请通过一切方法发送给我或者杰西卡·金斯利出版社。

　　如果现在你想知道某个术语，可以翻到下一页的快速参考 A 到 Z，看看在那里是否可以找到；你也可以从第一章开始阅读。无论采用哪种方式，理解应用行为分析的第一步是找到解释，有点像在塑造过程中的一个步骤。你说的是什么？你不知道什么是塑造？好吧，我可以直接告诉你，但是如果你自己去查看，会更容易记住。所以从现在开始阅读吧，或者如果你是个喜欢马上知道谜底的人，可以直接翻到第 77 页找到**塑造**。

第一部分
应用行为分析的基本知识

第一章　什么是应用行为分析？

在过去的几年中，好像每当有人谈起孤独症谱系障碍儿童，就会提到应用行为分析（ABA）这个术语。尤其是家长、老师或在学校工作的人，经常会有这种印象，应用行为分析是拯救这些孩子的唯一办法，我们最好实施，马上实施，不然麻烦就大了。这听起来很吓人，对吗？

你可能想知道，到底是什么是应用行为分析？它从哪里来？我对这个概念几乎一无所知，我该怎么"实施"它？我从哪里可以得到一些答案？

好，你来对地方了，至少你有了一个良好的开端。我们将要给你逐一讲解应用行为分析的基本知识，这样你就可以更好地了解这些行为心理学家、行为治疗师、特殊教育工作者和行为分析师们对你的孩子和学生到底在做什么，你也可以更好地在家里帮助他们或让他们融入你的教室。首先，让我们来简单回顾一下应用行为分析的背景，因为你也许对应用行为分析的了解比你想象的要多。

ABA——应用行为分析

ABA 是应用行为分析（Applied Behavior Analysis）的缩写。

正如我在"致读者"中提到的，应用行为分析是一种改变具有社会意义的行为的方法，通过以科学证实的学习原则为基础来实现这些变化。乍一看，"应用行为分析"是一种通过刺激来奖励"好"行为，同时忽略"坏"行为的简单方法。事实上，应用行为分析覆盖的内容比这要多得多。当你读这本书的时候，你会学到更多关于应用行为分析的知识，但在最开始的时候，你应该了解应用行为分析的三个重要特征。这三个特征将帮助解释应用行为分析是什么。

第一，我们针对的要改变的行为是运用在服务对象实际生活中的行为。这就是应用的部分。第二，我们针对的是真实的、可观察的、可测量的行为，而不是某个抽象的诊断。很快我们就会看到，应用行为分析以科学证实的学习原则为基础。这就是行为的部分。第三个关键特征是应用行为分析的决策建立在客观收集的数据基础上。数据的收集可以帮助我们了解干预措施是否对行为造成了影响，造成了哪些实际的影响。在许多方面，应用行为分析就像一项正在进行的实验，我们密切关注干预措施带来的结果，并根据需要迅速做出调整。这就是分析的部分。

在使用行为方法时，密切关注我们想要改变的行为当然很重要，但注意到其他因素也很重要，尤其是行为发生之前发生了什么，有时被称为**前提**（antecedents），**行为**（behaviors）之后发生的事件，有时被称为**后果**（consequences）。这三个因素——行为的 As、Bs 和 Cs，以及它们与应用行为分析的关系，是这本书第一部分的主题。

强化依联

前提（As）、行为（Bs）和后果（Cs）的联系如此紧密，以致斯金纳在谈论它们的时候采用了一个特殊的术语——**强化依联**（contingency of reinforcement）。这个概念可以分为三个部分："①行为发生的环境场合，②行为的本身，以及③行为的后果。"（Skinner, 1968, p.4）

与流行的看法相反，应用行为分析并不是一个新理念。国际行为分析协会（The Association for Behavior Analysis International）成立于 1974 年，其雏形是美国"中西部行为分析协会"。《应用行为分析杂志》（*Journal of Applied*

Behavior Analysis, 简称 JABA）最早出版于 1968 年。很明显，应用行为分析领域出现得更早。关于到底是谁第一个使用这个或者那个术语，一直都有争论。争论得更多的是关于谁第一个创建了"行为治疗"（behavior therapy）这个术语，对于是谁第一个使用应用行为分析这个术语，我倒是没听过太多的争论，似乎没有人确切知道。有些人认为乌尔曼和克拉斯纳在 1965 年出版的《行为矫正个案研究》（*Case Studies in Behavior Modification*, Ullman, Krasner）一书中最早使用了此术语。其他人说最早使用了此术语的是蒙特罗斯·沃尔夫（Montrose Wolf），他是《应用行为分析杂志》的创始人和总编辑。沃尔夫最为人所知的是在堪萨斯州堪萨斯市儿童教育拯救项目的火星花园儿童计划中使用了应用行为分析的原则。

应用行为分析基于伟大的美国心理学家 B.F. 斯金纳的研究。斯金纳的许多科学贡献与学习行为和实验室环境下的学习过程有关。斯金纳和他的学生们经常研究动物的行为，比如老鼠和鸽子等，并在密切观察的条件下分析它们的行为。斯金纳的研究工作有时被称为行为分析或实验行为分析（experimental analysis of behavior），被很成功地以多种方式运用在人类身上。应用行为分析采纳了斯金纳和他的追随者的研究发现，并把这些发现运用到学校、医院、公司、赌场、体育运动及家庭等不同的环境中。国际行为分析协会目前向其会员提供超过 35 个特殊兴趣小组，代表了应用行为分析原则在孤独症、老年行为学、社会行为学、组织行为管理学和临床行为分析等不同领域的应用。本书后面会详细介绍以应用行为分析为基础的干预方案，这通常基于一种特殊的学习方式，而这种学习方式与采用斯金纳方法（操作式条件作用）有关，即通过持续客观地监测来确定干预（或治疗）是否有效。

名称的含义

在应用行为分析领域中工作的人会使用很多不同的头衔来描述自己。如果你想知道这些人到底是干什么的，下面是几个常见的头衔。

行为分析师

我们希望**行为分析师**（behavior analyst）是经过正当训练的、从事应用行为分析的人。在 20 世纪，大多数行为分析师是经过应用行为分析培训并具有相关经验的心理医生或教育工作者。近年来，针对应用行为分析的本科或硕士课程大量出现，如今被称为行为分析师的人，可能没有接受过大量心理学或其他相关领域的培训。

国际认证行为分析师

国际认证行为分析师（board-certified behavior analyst, BCBA）这个头衔证明一个行为分析师对应用行为分析知识的掌握已满足相当的要求，并通过了专业知识考试。尽管对国际认证行为分析师的培训可能只局限于应用行为分析，但这些人也可能在心理学、特殊教育或其他专业领域接受培训。

除了国际认证行为分析师，国际行为分析师认证委员会（BACB）目前还提供其他三种认证资质。BCBA-D 代表国际认证行为分析师已取得博士级别的资质，BCaBA 代表国际认证助理行为分析师，RBT 代表注册行为技术员。BCaBA 和 RBT 向督导他们的 BCBA 提供各类协助，BCaBA 可以帮助收集有用的信息并制订一些行为干预计划。RBT 是经过培训的一线工作人员，他们通常直接在家庭或学校向服务对象提供服务。

行为治疗、行为治疗师

行为治疗师（behavior therapist）是做行为治疗（behavior therapy）的人员，像行为分析师一样，为了胜任工作应该接受适当的培训。行为治疗通常被认为是一种心理疗法,这种疗法的技巧基于学习原理——主要是操作式条件作用和经典条件作用(operant and classical conditioning)。行为治疗通常包括与行为治疗师会谈,行为治疗师通常是经过特殊训练的心理学家,但有时也会是精神科医生、社会工作者、护士、辅导员或其他人士。多数行为治疗包括引导来访者[①]与治疗师进行交谈,来访者可能是儿童或成人。谈论来访者的问题并指导其使用行为治疗技术,这些技术多数都基于应用行为分析。

最著名的行为治疗技术也许是系统脱敏术。这项技术最初由约瑟夫·沃尔普(Joseph Wolpe)于1958年开发,被证明在治疗恐惧症方面尤其有效。

激进行为治疗、激进行为治疗师

在传统的行为治疗中会使用一些与激进行为主义(radical behaviorism)相关的治疗方法,这些治疗方法有时也被称作**激进行为治疗**(radical behavior therapy)。这些治疗通常包括使用引导图像(guided imagery)、系统脱敏(systematic desensitization)和内隐性条件作用(covert conditioning)。

认知行为治疗、认知行为治疗师

认知行为治疗(cognitive behavior therapy, CBT)指任何一种通过改变来访者思维方式或以跟自己的对话方式,更好地帮助来访者的心理治疗方法。各种认知行为治疗之间的不同在于他们对学习原则的偏重有所不同。认知行为治疗在治疗抑郁症方面似乎特别有帮助。尽管认知行为治疗通常不被认为是应用行为分析的一部分,但许多认知行为治疗师(cognitive behavior therapist)在工作中会运用应用行为分析的原则。

---

① 编注:来访者(client)是心理咨询中对寻求帮助的人的称呼。在一般商业服务领域也被译为"客户"。为了与心理咨询和一般的商业服务相区分,本书中在描述接受应用行为分析干预对象时译为"服务对象"。

临床行为分析、临床行为分析师

临床行为分析（clinical behavior analysis, CBA）是另一种用来描述"让我们坐下来谈一谈"的处理问题行为的术语。有几种不同的治疗方法都可以归入临床行为分析。你可能已经听说过其中最有名的两种治疗方法——**接纳与承诺疗法**（Acceptance and Commitment Theropy, ACT）和**辩证行为疗法**（Dialectical Behavior Therapy, DBT）。

这些治疗方法有一个重要的共同点，它们都以循证实践为基础，其支持者认为诊断标签在很大程度上是从问题行为推断而来。我们要治疗的是问题行为，而不是诊断标签。

循证实践

循证实践（evidence-based practice, EBP）是指根据真实证据来做决定，而不依靠胡乱猜测、一厢情愿或无证的声明。究竟什么是证据？我们能接受的作为证据的事情可以覆盖相当广的范围。该范围的下端可以被称为**逸事证据**（anecdotal evidence）。逸事证据基于有趣的故事，如"乔叔叔中了毒藤毒后在海里游泳，居然痊愈了。因此，我知道盐水可以解毒藤毒。"嗯，这是相当薄弱的证据。我们应该问几个问题，其中包括："有多少人中了毒藤毒，然后在海里游泳，但并没能改善？"我们也可以问有多少人中了毒藤毒没用盐水也解毒了。但这个答案可能会误导我们，因为有可能不只有一种治愈方法。该范围的另一端是通过更多复杂控制的科学研究来比较各种治疗方法（或不治疗）的结果。盐水浴和淡水浴哪个效果更好（或更坏）？啤酒浴怎么样？（警告：不要在家里做这个实验，我不想对你浪费好啤酒负责！）所以，如果有人试图向你推销东西，问他们的证据是什么。

为什么要提这件事？因为在历史上，心理学和教育学领域都有很多由于接受只有理论支持或听起来给力但没有实证的治疗方案而导致臭名昭著的案例。乐观的是，事情似乎在朝着正确的方向前进。在循证实践方面，应用行为分析是目前做得最好的。你也许会问，你有什么证据这么说？请到www.nationalautismcenter.org 网站上查一下《国家标准报告》（National Standards Report）。

行为学、行为学家

对于**行为学**（behaviorology），虽然有一些相当冗长而复杂的定义，但也可以这样简单描述：行为学是一门研究行为和其他事件之间依联关系的科学。作为一个术语，行为学比应用行为分析出现得要晚。它最早出现在20世纪80年代，用来形容一种新兴的针对行为的研究。这些研究涉及心理学和其他一些学科。行为学涉猎的范围比我们一般认为的应用行为分析要广。随着时间的推移，它逐渐发展成为一门独立的学科，被越来越多的人所知道。虽然许多**行为学家**（behaviorologists）属于国际应用行为分析协会，但他们还有一个单独的学会——国际行为学家学会（The International Society for Behaviorology）。

现在，你已经知道应用行为分析大概是怎么回事了吧。下面我们要深入了解这门学科。如果看起来按字母顺序介绍会更清晰，那么我应该从前提（antecedents）讲起，但实际上如果先介绍"b"——行为（behavior），会帮助我们更好地理解前提。就让我们从行为开始吧！

第二章 什么是行为？

行为

行为（behavior）是我们听到和使用的一个高频词。当看到或听到这个词时，大多数人理所当然地认为我们理解它的意思。根据韦氏字典的定义，行为是为人处世的一种方式。这个解释不错，但这不就是"我们做事的方式"的一个更好听的说法吗？另一个来自行为心理学家的比较正式的定义是：**行为是有机体任何可观察和可测量的内部或外部行动**。这听起来很复杂，但当我们把这个定义逐步分解开，它开始呈现更多的意义。我宁愿再一次从头开始，按照顺序，一步步地把这个定义解释一遍，但由于某些原因，如果从这个定义的结尾向开头解释会更容易理解。我怎么老让自己进入这种情况？

心理学家通常和各种各样的生物打交道。当然有人类，但也有猴子、鸽子、老鼠、海豚和狗等动物。为了包容，我们经常使用**有机体**（organism）这个高深的词。就我们而言，这本书的目的是谈论人类、人群、人们！关于**行动**，我们不是指戏剧或喜剧工作的一部分，而是一个动作，一个人实际上**做**的事情。它可以是行走、聊天或踢足球，也可以是书写字母表，与老师进行目光接触，或者唱一首歌。这些行为可以被清楚地观察到（看到、听到等），并可以通过多种方法测量（计数等），我们将在后面讨论这些方法。这些行动一定是客观行为，而不只是从看起来相关的行为中推断的主观个人观点，或描述性标签（比如，称某人有攻击性、抑郁、焦虑等）。

这些标签不是真的能被观察到的行为，对吗？它们都是用来描述客观行动或行为的形容词。被称为有攻击性可能是瞪了某人一眼，也可能是拔枪干掉某人。所以，如果只说"有攻击性"而没有把行为具体化，那么我们无法得知讲话的人到底看到了什么或者罪魁祸首到底干了什么。我们可以很容易误导别人或者被自己误导。

死人规则

有些人觉得可以把行为理解成某种运动。把行为理解为运动意味着坐着不动，保持安静就不是行为。我曾经听过很多次精准教学的先驱——奥格登·林斯利（Ogden Lindsley）讲的"死人规则"（Dead Man Rule）。他说，如果死人能做到，那就不是行为。所以如果你不确定某件事是否是一种行为，只是要问自己，死人能做这事吗？使用死人规则至少可以把可能性缩小一些。

当我们说行为可以是外部或内部时，指的是人的身体，也就是人的身体的行动或行为。外部行为是指周围任何人都可以直接观察和认识到的，发生在身体之外的事情。这些外部行为经常被描述为公开或公众行为。刷牙、跳舞、打电话都被认为是外部行为。但我们也有内部的、内隐的、私人的行为。这些内部的、内隐的行为包括身体的生理行为，比如心跳和胃部消化。发射脑电波也是一种不容易被直接观察的内部行为。通常使用某种医疗器械可以观察和测量内隐的生理行为，不能直接看到这些内部身体器官的行为，并不意味着它们就不是行为。

其他我们通常想到的内部的、内隐的或私人的行为和事件不是生理行为，而是**心理**行为，包括思考、想象和感受等。这些行为的唯一观察者是进行这些行为或经历这些行为的人，所以其他人很难观察这些行为。当我们停下来思考时，不管我们正在头脑中与自己安静地交谈，还是正在用图像或画面思考，我们都知道自己正在想什么。难道不是我们经常告诉别人自己在想什么，或向别人描述自己的想象吗？关于感受也是一样。我们通常知道自己在经历什么感受，即使我们对外选择采取不同的行为隐藏感受，但有时候面部表情和外部行为还是会暴露我们的感受。所以，外部行为和内部行为、生理行为和心理行为，都是行为。一切你和你身体所做的事情都是行为。套用斯金纳的一句话，皮肤不是行为的分界。同时承认内部行为和外部行为通常被称为**激进行为主义**。

激进行为主义

心理学和哲学的书籍谈到几种不同版本的行为主义，但**激进行为主义**和斯金纳的行为学有很大关联，并且是应用行为分析的基础。激进行为主义和其他行为主义之间有很多区别，这些区别足够让哲学家们乐此不疲地争论下去。对我们来讲，最大的区别是激进行为主义和斯金纳都接受并把私人事件也当作行为，比如思想、想象和感情等，就像更容易被别人观察到行为一样，虽然这些内部行为比外部行为更难观察、测量和处理。

频数和频率

为了完善关于行为的定义，到底应该怎么**测量**一个行为？其实有多种方式。最简单的就是统计一个特定行为出现的次数，我们称之为行为的**频数**（frequency）。但仅仅测量频数通常不是很有帮助。假设一个棒球运动员击中了两个球，如果是在一场比赛中，这看起来是个不错的表现，但我们没提到这个球员一共击了几次球才击中两次。如果这两次击中是他整个赛季的成绩呢？那可不怎么好。必须把行为的次数放到一个有意义的背景中才能说明问题，如机会的次数或时间的长度。这个背景提供了一个比单独使用频率更有效的测量方式，我们称之为行为的**频率**（rate）。对于棒球运动员，用球员的击中次数除以击球次数（嗯，差不多吧，我们没有计算垒数和球……哦，没关系，你明白我什么意思）。后面还会谈到更多关于如何观察和测量行为。我们终于可以概括一下，行为是任何一个活生生的人在体内或体外的活动，这些活动可以通过某种方法被观察和测量。观察者看来相似的行为被称为具有相似的形态（topographer）。

反应类、行为类

另一方面，如果行为产生类似的效果，那么不论其外观如何，这些行为属于同一个**反应类**（response class）。换句话说，达到同一目的的行为属于相同的反应类。如果迪克看起来做了两件完全不同的事情，这没关系，有句老话叫"要剥一只猫的皮，不是只有一种方法"（要想达到一个目标，有很多办法）。我从来没有给猫剥过皮，所以我不是从个人的经验来谈，但如果有不止一种方法，那么所有方法都可以被认为是属于相同的反应类。

另一个我亲身经历的简单例子是转换电视频道。我可以坐在沙发上按遥控器的一个按钮，我也可以走到电视机前，转动控制面板上的旋钮（这真是一台旧电视）。看起来好像我在做两件不同的事情，但它们具有相同的效果——换频道。因此，它们属于相同的反应类。

学习

多数人类的行为是三个因素中一个或多个一起行动的结果。这三个因素是：

- 遗传或遗传天赋。
- 受孕后的生理变化（如发育成熟程度，以及疾病和事故的影响）。
- 行为改变经验——我们称之为学习（learning）。

许多书籍都包括了学者们提出的关于学习的无穷无尽的理论。这些定义包括客观的、经过科学研究的学习理论，可以归结为一个更实用的学习定义，即**任何从与环境互动中产生的、相对永久性的行为变化。**

当我们听到**环境**（enviroment）这个词时，通常会想到树木、河流、草原、海洋和我们自然环境的其他部分。这些固然重要，但当谈论行为时，其他物理和社会环境也很重要。人造的事物，比如工具、书籍、电脑和电视，以及周围人和他们的行为，都是环境的一部分，并能影响我们的行为。

通过基因工程技术来改变基因构成，从而改变我们的行为，这很不现实。通过医学手段，比如用药物带来其他的身体变化，也没有可靠和具体的效果，并不总是可逆，且伴有副作用。因此，在三个因素中，学习是我们可以做最多工作的方面。但在大部分的时间中，我们的学习是无计划的、随机的，而且效率不高。既然学习要通过与环境的互动发生，那么最好通过有计划地改变环境和学习过程来改变学习和行为。

环境

现在我已经提到环境，它与行为有很大的关联。我想应该更多解释一下**环境**的意思。有时，我们听到人们谈论不同种类的环境。这里有一些环境名称，我敢打赌你不是每天都能听到。

自然环境

当大多数人听到**自然环境**（natural enviroment）时，首先想到的是美好的户外，但自然环境可以有另一种意思。当我们戴上行为主义的帽子时，要开始更多考虑社会环境。自然环境就是我们常说的现实世界（real world），也是大多数人花大部分时间的地方。对于儿童来说，自然环境的一部分是没有任何特殊设施、没有经过修改或专门指导的主流教室（mainstream classrooms）。

当然在自然环境中会有一些因素影响到他们的行为，但这是几乎所有的人都会面临的事情。自然环境为大多数人提供了很好的社交环境，但有时候事情在自然环境中会失去控制，可能最终塑造了各种不良的反社会行为和不正常的行为。

人工环境

人工环境（prosthetic enviroment）是一种帮助个体建立与他的正常发展的同龄人更相近的行为的环境，就像假肢或助听器等辅具可以"建立公平的环境"一样，一个高度结构化的环境可以提供很多支持，帮助个体的行为变得更加适合和恰当。当孩子目前不能在自然环境中自主地执行一个特定的行为模式时，人工环境有助于教导和/或维持。迪克在自然环境中还不能执行某种行为，也许是他还没学会这种技能，或是自然环境没有提供理由或动机。如果迪克有注意力缺陷多动障碍（ADHD），若教室里没有那么多新奇的刺激，他可能会更容易听讲。如果迪克有望着窗外观看另一个班级课间休息的习惯，并且开始做白日梦，觉得自己也在外面玩，也许在课间休息时把窗帘拉上会有助于降低干扰。另一方面，如果精心策划很多快速变化的刺激，可能有助于迪克更好地集中于当前的任务，就像当迪克在玩快节奏的电脑游戏时总是能够全神贯注一样，那种注意力集中的状态让每个人都感到惊讶。

干预环境

干预环境（therapeutic enviroment）是为了帮助学生在自然环境中最终变得更加自主，像正常发展的同龄人那样行事。有时为了大家的利益，有严重行为问题的学生被单独放在一个专门的教室里。在专门环境中的强化治疗，可以使迪克掌握某种行为模式。他需要学会（这种行为模式），并最终重新回到普通教室，在自然环境中成功运用它们。

在恢复到自然环境并看到新行为是否适当之前，我们只能猜测这是一个人工环境，而且还是一个干预环境。如果新行为在自然环境中继续出现，前一个环境可被定为干预环境；如果新行为在自然环境中终止，前一个环境即为人工环境。有时同一个环境可能是人工环境，但在其他时候则是干预环境。我们不能只看环境是如何构成或安排的，还要看它对行为的影响。相同的环境可以在同一时间对某种行为是人工环境，而对另一种行为是干预环境，这完全取决于这一环境对特定行为的影响。

行为矫正

应用行为分析对很多人来说是一个新术语，而20世纪后半期从事公立教育的工作人员很可能对**行为矫正**（behavior modification）这一术语更为熟悉。行为矫正被定义为"将实验中得出的学习规律应用于人类行为"（Cautela, 1970）。行为矫正不是某人的直觉或未经证实的理论，而是多年在实验室和自然环境中的科学研究结果。这归结为人类演示的一切学习都是行为矫正的一部分。试想一下，行为矫正是一直进行的。我们总是在学习、忘掉，并再学习各种行为，但大多数的学习是随机的，且效率低下。很多人认为行为矫正听起来很复杂，永远学不会这些原则，或学不会系统地应用这些原则，但一旦开始熟悉行为矫正的基本原则，就能认识到这其实是一个系统的、有效运用常识的方式。

像行为疗法、程序化教学、精准教学以及其他方法一样，应用行为分析也是行为矫正的分支。几十年来，许多在教室中被普遍应用的课堂行为管理的技术，比如依联契约和积分系统，如果运用适当，就是应用行为分析方法和程序的应用。行为矫正不包括药物治疗、神经手术、未经证实的理论或一厢情愿的想法。

目标行为

人们总是实施或**自主发起**（就像我们有时说的）行为，但我们通常只有兴趣密切观察少数行为。那些需要改变的行为通常被称为**目标行为**（target behaviors）。目标行为不一定是我们想摆脱的行为，也可以是要加强的适当的行为。

反应

我们有时会看到或听到**反应**（response）这个词。在一般用法中，反应和行为几乎是一回事，但在应用行为学中，反应通常是指在环境中马上发生并可预测的行为。

回合

回合（trial）是一个术语，指在设定环境中用来教授某种行为的一次试验、尝试、重复或一个行为。回合有时还指一系列不止一次的一个行为。通常想做好一件事需要很多回合。（练习！练习！练习！）

不当行为

行为主义者常把行为形容为适当的或不当的。适当的行为通常指被社会所接受的行为，这些行为是有效的，并在服务于它们的目标时具有功能性。它们通常会发挥作用，并且不会伤害任何人。另一方面，**不当行为**（maladaptive behavior）不能有效实现它们的目标和/或会引起不好的后果。由于不当行为对他人或对执行这些行为的个体造成短期或长期的后果及影响，它们可能不被社会接受。

语言行为

大多数人拥有一个非常重要的能力，就是能够用语言彼此沟通。当这种能力在某种程度上受到阻碍时，会使生活变得非常困难。孤独症人士往往有严重的沟通障碍，其他有各种形式语言障碍和学习障碍的人也会有沟通困难的问题。行为主义者用**语言行为**（verbal behavior）这个术语（来自斯金纳最重要的著作之一，1957年出版的同名著作《语言行为》）来表述沟通方式不仅是口头语言，还包括阅读和写作等。手语也是一种语言行为。语言行为是如此重要的一个领域，以至于国际应用行为分析学会创立了《语言行为分析》（*The Analysis of Verbal Behavior*）这本学术期刊，用来专门探讨这个话题。

内隐行为

我们在日常闲聊中谈论行为时，通常认为行为可被任何人注意到或观察到。这种行为有时被描述为公开或外显行为，因为它至少是潜在的能由他人直接观察到的行为。在行为学的世界里，**内隐行为**（covert behavior）这个术语是指思考、想象和感情这些不能直接被他人观察到的行为。我们身体内部的其他活动，比如心跳或脑电波等，也被归为内隐行为。由于这些私人活动能被正在经历这些活动的个体直接观察，或通过医疗设备间接观察，所以也被认为是行为。

附属行为

附属行为（collateral behaviors）是指通常一起实施的行为。一个附属行为的例子是，孩子们一边吃糖或冰激凌一边微笑或大笑。当用语言行为描述某种内隐的、私下的或内部活动时，最可能听到附属行为这个词。例如，当迪克感觉牙疼时，他可能会说"我牙疼"。当简得到一只小狗作为生日礼物时，她可能会说："我太高兴了！"虽然学会适当的附属语言行为是许多孩子正常发展的一部分，但一部分沟通有缺陷的孩子在通过语言表达感觉或其他内在感受时会遇到特殊的困难。通常情况下，当成人在某种特定环境下对孩子的感受做出假设的时候，孩子可以领会并学习附属语言行为，成人可以告诉或命名孩子当前的感受。当看到简被绊倒，摔到膝盖时，她的妈妈会说："哦，简，你的膝盖一定很疼！"对于一些有孤独症的儿童来说，有时会使用更直接的方式来教授其适当的附属行为。

第三章 什么是前提?

刺激

当你听一位行为学家讲话时,可能经常会听到一个词**刺激**(stimuli, stimulus)。一般来说,刺激是指能使某事发生或能引起某种反应的东西。刺激经常是我们可以用感官注意到或检测到的东西,如一个物体,一种气味,一种声音,一件我们看到的正在发生的事情。任何事情都可能是刺激。

看起来根本不影响行为的刺激(不管是单数还是复数),都被称作中性刺激。有许多不同种类的刺激以不同的方式影响我们的行为。我们把强化行为的刺激称为强化刺激,在第四章中有更详细的讨论。

前提

当提到**前提**(antecedents)或者前提刺激时,是指在目标行为发生前已经发生或者已经存在的事情。就像刚提到的,我们把看起来对目标行为毫无影响的很多事情称为中性刺激。其他的前提可能示意一种特定的行为会被强化或者被惩罚。举个典型的例子,当晚餐铃声响起来或厨师喊晚餐准备好了,那就是在示意如果现在去餐厅,去餐厅的这个行为就可能会被一顿美餐强化或奖励。你在别的时间去餐厅——没有食物,没有强化物。晚餐铃声的刺激有助于帮我们辨别并知道什么时候去餐厅有食物,什么时候没有。在这种情况下，晚餐铃声作为一种功能、操作或者提示信号，被称作**区辨刺激**（discriminative stimulus）。

区辨刺激

叙尔泽和迈耶把**区辨刺激**描述为"一个被某种反应强化的刺激"（Sulzer, Mayer, 1972, p.290）。在一些书中，你可能会看到用 S^D 或 S^d 的符号来代表区辨刺激（字母 D 或 d 经常被打成上标）。你可能会听到讲演者提到"Ess Dee"，他只是念出首字母 S 和 D，因为这种读法容易得多。其他的表示方法，比如提示、标志和信号等都不很正式，但总体表达的意思与 S^D 相同。

在晚餐铃声的情况中，S^D 帮我们区别或注意到什么时候某种特定行为可能会被强化，但 S^D 也可以标志某种行为可能会被惩罚（以晚餐铃声为例，假如晚餐有你不喜欢吃的肝脏，有些人会认为端上一盘肝脏是一种惩罚）。红灯是一个 S^D，预示着如果你在那个时候开车通过十字路口可能会受到惩罚，如发生事故，或者被警察开张罚单。

影响行为的前提多种多样。引发目标行为的前提可能是别人的行为，比如老师让简打开她的数学书，也可能是学校里一个指导访客到办公室登记的标志。一本书里的字词是学生阅读行为的 S^D。通常情况下，相同的刺激可以引发或帮助不同个体展现出不同的行为。比如在高速公路上写着"机场高速"的标志，将对不同的司机产生不同的影响。那些想去机场高速的司机可能会从出口驶出，而那些想要去市中心的司机，会在公路上继续驾驶。

给学生一张数学练习题也是影响学生行为的一个前提。教师想通过呈现练习题并加上口头指令来影响学生完成数学题的行为。如果学生开始做数学题了，那么数学练习题和口头指令都成为期待行为做数学题的 S^D。通常结果是这样的，但在新行为被稳定建立起来之前，最终预期的 S^D 往往没有强大到足以引导我们期望的行为不断发生。学生可以从事一些其他的，也许是破坏性的行为，比如抱怨或发脾气。有时候除了 S^D，还需要额外的线索或辅助才能往下进行。当简在学校演出中忘记台词的时候，导演可能小声告诉她第一个词来帮她开始，或者当迪克忘记了罗德州首府的时候，老师可能提示他首府的第一个字母是"P"。我们应该把这些辅助当作额外的人工 S^D，它们只提供暂时的帮助，会随着时间的推移渐褪、减小并最终消失。这就像在猜谜游戏中提供一个额外的线索或提示。

辅助

在日常会话中，**辅助**（prompt）的意思之一是帮某人正确地回答一个问题，或在当时的情况下做出适当的表现，而这也是辅助在应用行为分析领域中的意思。对我们来说，辅助就是帮助行为开始的一个前提（在前面）。辅助是一个暗示，一种提示，背后的一推，或为了发生某事而提供的一些其他帮助。口头指令，示范目标行为，甚至是身体引导，使用手势，提供问题答案的第一个音节，都可以被称为辅助。

有时候可能需要给迪克一些帮助来让他开始执行某个行为。快到睡觉的时候，为了帮助迪克做好入睡前的准备工作，我说："迪克，现在该准备睡觉了。"这也许就够了。或许我可能不得不提供更详细并频繁的辅助，比如："迪克，刷牙，穿上你的睡衣，上洗手间，然后洗手洗脸。"

除了 S^D，还有另外一种区辨刺激叫"S-delta"（由 S^Δ 符号表示），表示某种行为**不会**得到强化。如果一个商店的门口挂着"下午 2∶00 开门"的标志，而你想要在上午 11∶30 进去，你大概会发现大门紧锁。你试图打开大门，没有成功，此行为没有得到强化。你想打开大门的行为不会得到惩罚，但也不会得到强化。

简将要参加一个一分钟的在计算机上完成的数学考试。她会被测试一系列 100 以下的减法题目。每当一道新题目出现在电脑屏幕上时，简必须迅速输入答案，下一个问题才会立即出现。简每次正确回答一个问题都会得一分。一分钟后，计算机屏幕上的数字颜色会由绿色变为红色。在数字从绿变红后，简仍然可以继续输入答案，但不管她回答多少个正确答案，只要数字是红色的，她将不能再获得任何积分。在这种情况下，绿色数字是 S^D，因为正确的答案将被强化；红色的数字是 S^Δ，因为正确的答案将不被强化。

刺激控制

当 S^D 存在时，行为明显地受其影响并持续发生，当 S^D 不存在时，行为不会发生或至少不会以同样的方式发生，我们有时候称该行为是在**刺激控制**（stimulus control）下。迪克的妈妈一直在试图教他礼仪，让迪克说"请"和"谢谢你"。当妈妈在旁边的时候，迪克会记住并遵守；当妈妈不在旁边时，迪克会忘了说"谢谢你"。迪克说"谢谢你"的礼貌行为仍然是在妈妈的刺激控制之下。

背景事件

虽然到目前为止我们讨论的许多前提都是别人的行为，但**背景事件**（setting event）这个名词指的是其他类型的前提，包括我们的身体状态和无生命的物体对行为的影响。例如，不同的身体状态以不同的方式影响行为。有人饿极了或者很疲惫，而不是刚刚吃了一顿大餐或已经睡了一个好觉。你在早上 7：00 感觉饿，这就是你在 7：30 吃了一顿丰盛早餐的背景事件。背景事件的不同有助于解释为什么简会在不同的时间，在看似相同的刺激下，有很不同的反应。

其他被广泛用于描述与背景事件相同的意思的词语，包括**动因操作**（motivating operation）和**建立型操作**（establishing operation）。

动因操作 / 建立型操作

当某事的发生增加或减少了另外一件事的发生，我们把它称为**动因操作**（MO, motivating operation）或**建立型操作**（EO, establishing operation）。正如字面意思，动因操作（MO）与动因有关。动因和强化齐头并进。简单来讲，激励的方法包括增加强化物的效果和/或降低不好的经验。可以说某种经历对我们越有激励作用，它的强化效果也越大（或者至少我们期望是这样的）。随着某事的强化效果增加或减少，我们做这件事情的动因也会增加或减少。

MO 或 EO 可以是一个自然发生的事件，也可以是被有意安排的。可以增加那些我们希望当作强化物的刺激物的效果，也可以消退那些维持不当行为的强化物的效果。EO 是旧的术语，但 EO 和 MO 都仍在被广泛使用。在英语中，很多术语的确切含义随时间的变化而变化。EO 和 MO 的使用并不总是一致，取决于你在哪里碰到这些术语。你可能会觉得他们的解释让人困惑，但我会尽力给出一个被普遍接受的解释。目前，当描述增强或减弱强化物的效果时，动因操作（MO）是被广泛使用的术语，而建立型操作（EO）更适于描述只增强强化物效果或在一开始建立强化物有效性的事件。

废除型操作

我们现在还有一个新的名词——**废除型操作**（AO, abolishing operation）。废除型操作是对强化物有消退或减弱作用的事件。餍足是一个常见的暂时废除型操作的例子。如果迪克吃了太多糖果，吃到胃疼，那么糖果可能会暂时失去作为强化物的有效性。在某些情况下，糖果甚至会暂时成为厌恶刺激，并被当成一种惩罚。

动因操作（MO）和建立型操作（EO）容易与区辨刺激（S^D）混淆（记得它们吗？）。如果这样记可能会有帮助，MO 与我们可能会被什么东西奖励有关（想想动因），而 S^D 与我们是否能得到那个潜在强化物有关（想想机会）。

MO 往往会涉及建立匮乏或餍足的状态（某物有太多或太少）。例如，我们继续食物和饮食的主题，怕发胖的成年人可能会有意识地在晚餐以后才去超市购物，而不是在晚餐之前去。这样做可以加强他们抵制任何购买（并吃掉）多余的零食、甜点的诱惑。通过购物前先吃饭，暂时弱化（有些人会说是废除）了食物作为一种强化物的有效性。可以说，去超市前先吃晚饭是动因操作，用来避免在超市中乱买零食。

如果我们打算用食物作为迪克数学课的强化物，就要确保迪克在上数学课之前没有吃东西。如果迪克饿了，他更可能会为了赢得食物而工作。在这种情况下，我们把食物变成更有效的强化物。因此，为了把某物变成更有效的强化物，就要确保迪克最近一直没有太多机会接触该强化物，还要确保至少目前迪克能得到这个特殊强化物的唯一方法是表现出我们希望他表现的新行为。

如果给简非依联或免费地提供某强化物，换句话说，无论简做什么或不做什么，都会得到"强化物"，那么 MO 可以减弱它作为强化物的效果。例如，假设迪克和简在外面玩。迪克在打篮球，简在踢足球。迪克让简和他一起打篮球，简拒绝了，因为她想继续踢足球。他们继续各玩各的，这时候气温开始下降，两个人都开始感到冷。迪克为了保暖，穿上了他带来的毛衣和夹克，但简没有带衣服，她感到越来越冷。这时迪克告诉简，如果简跟他打篮球，他就会把外套借给她。简很不情愿地答应了。他们打了一会儿篮球，妈妈来了，手里拿着一件毛衣并冲着简喊："简，外面冷，过来把毛衣穿上！"妈妈通过给简一件毛衣来保暖，建立了废除型操作（AO）。无论简做什么，妈妈基本中和了迪克的夹克在这种情况下的强化作用。简现在有了自己的毛衣，迪克的外套已经不再是一个足够有力的强化物来让简继续打篮球。简穿上自己的毛衣，又去踢足球了。在这个故事中，迪克的夹克的强化作用首先被气温下降这个天然的 MO 加强。然后妈妈给简带来毛衣，在这种情况下是另一个 MO，使得迪克的夹克的强化作用下降。这听起来似乎很像我曾经拥有的一些股票。

总结一下，一个**动因操作**通常被称为一个 MO，MO 可以改变强化物的力量，即实际上能起到激励或强化的作用。如果想谈得更具体些，可以谈论两种不同的 MO：建立型操作（EO）和废除型操作（AO），它们通过改变刺激的有效性来影响行为。正如它们的名称，建立型操作（EO）起到最开始让（建立）某物成为强化物的作用，或增强某个已存在的强化物的强化作用，而废除型操作（AO）则起到废除或减弱强化物的强化作用。MO 帮我们理解为什么人们会对同一个刺激物在不同情况下做出不同的反应，或者在明显的同一环境中的不同时间里，做出不同的反应。

如果你去读有关应用行为分析的更高级的书，可能会碰到非条件性动因操作（UMO）或条件性动因操作（CMO）。额外的字母简单说明 MO 是否是非条件性动因操作（UMO），即先天如此，还是条件性动因操作（CMO），也就是后天习得。你可能还会看到在这些术语后面出现 S、R、T 的字母，但你并不需要懂这些，至少目前并不需要。

前兆

一般而言，**前兆**（precursors）是指在别的事情发生之前出现的事物。我们可以说西红柿、生菜、黄瓜和油炸面包丁是沙拉的前兆。如果看到厨房的操作台上有西红柿、生菜、黄瓜和油炸面包丁，这可能给我们一个沙拉快做好了的暗示。如果天空变阴，气温下降并刮起了风，这些都是风暴要到来的前兆。

行为也有前兆。如果看到简不再绕着房子跑步，而是安静地坐在沙发里，打哈欠，眼睛都睁不开了，这是她要睡觉的信号。行为的前兆可以警告我们麻烦要来了。我们可能注意到迪克在发脾气或崩溃之前经常停止讲话，他的肌肉紧张并开始抖腿。如果能注意到这些前兆，可以在他爆发之前抓住机会快速帮他疏导情绪（可以辅助迪克练习以前学的自我控制策略，比如渐进肌肉放松）。

有时候前兆会跟**引发**（trigger）混淆。引发是一个非正式的术语，用来描述某些背景事件引发了某种行为、行为链或行为模式。前兆则指某种行为模式展开的早期经常发生的行为。

诱发和自发

当行为学家谈论某人展示某种行为时，常听到他们提到两个词：**诱发**（elicit）与**自发**（emit）。我们说当一个刺激诱发了一个反应或者行为的时候，行为不可避免地会发生，就像不自觉的条件反射。你知道，当医生用小橡胶锤子敲击你膝盖的时候，你的腿会自动弹起来，或者一束强光会突然诱发你眨眼睛。另外一种情况，某个行为发生了，但我们不明白它发生有什么必要的原因。我们可能不知道为什么迪克要这样做，看起来这是一个自发的行为，即使此行为被结果影响。在这种情况下，有人可能说迪克自发展示了某种行为。星期日的教堂里，迪克坐在简的旁边，他可能伸手去给简搔痒。迪克真的一定要这样做吗？不一定。迪克这样做了吗？是的。迪克自发地做出了搔痒的行为。

第四章　什么是后果？

经常会提到有人"为他们做的事承担后果"。这种说法使"后果"这个词听起来令人很不愉快，让我们觉得后果不是一件好事。但这只是后果中的一种。

后果

当谈论**后果**（consequences）的时候，其实在谈论目标行为出现后发生了什么，经常指紧随目标行为之后。后果可能是不让人愉快的事情，也可能是让人愉快的事情。行为后的常见后果经常会影响行为发生的频率。这个后果影响行为的过程，被称为**操作式条件作用**（operant conditioning）。

操作式条件作用

操作式条件作用，有些时候被称作操作式学习（operant learning），是很多学习方法中最常用的一种。在操作式条件作用中，某行为发生的频率取决于在这个行为出现后马上发生了什么，也就是说，这个行为的立即后果。听起来是不是有些耳熟？操作式条件作用是应用行为分析中很多行为矫正技术的基本原理。虽然我们会举些例子来解释和说明，但会更强调基本原理和指南，所以你可以按自己的需要来调整。如果你碰巧是心理学专业或与心理学专业有关的研究生，或者你只是很想进一步了解操作式条件作用，那么我推荐一本书——《操作式条件作用入门指南》（*A Primer of Operant Conditioning,*

G.S.Reynolds）。作者指出："**操作式条件作用**指行为发生的频率被行为的后果影响。"（Reynolds, 1968, p.1）基本理念即行为是其后果的功能，你做的任何事都强烈地被这个行为后面的事件所影响。

如果你喜欢的事发生了（如你吃了一块味道非常好的薄荷糖），你的行为被适当地强化，下次你可能还会再做同样的事情（如，你可能会伸手去够另一块薄荷糖）。假设你不喜欢的事情发生了（如，你吃了一块不喜欢吃的甘草味的糖），你下次就不太可能会去做同一件事情（你大概不会去拿第二块甘草味的糖）。当与行为学家谈话的时候，请记住：强化的是行为，不是人，这点很重要。

正强化

当行为的后果使行为在将来更容易发生，我们称为**正强化**（positive reinforcement）。通常强化物是指被强化的个体有令人愉悦或有奖励作用的经验，就像巧克力圣代。强化物有可触摸或不可触摸的形式，如一块糖或者我们喜欢的人的微笑。我们很容易把强化物称为奖励物。奖励物经常有强化作用，但不总是这样。我们不能提前假设作为强化物的奖品真的具有强化作用。信不信由你，总有些人实际上不喜欢巧克力圣代！

如果你对这一部分的文字熟悉了，可能会发现人们使用**效果律**（Law of Effect，由 E.L.Thorndike 在 20 世纪早期发明）来强调在学习中行为的实际影响的重要性。正强化操作式学习的一个例子是，迪克在课堂上不举手就大喊大叫，如果迪克得到了他想要的老师或同学的关注，那么他大喊大叫的行为就被强化，将来会更喜欢这样做。强化我们希望再次发生的行为的最好方法是增加行为的力量和频率。如果迪克处于不管怎么叫都没人搭理的情况，但如果他先举手就会获得关注，那么他会很快停止叫喊而开始举手。

有时候，人们谈论通过尝试错误来学习，这个程序的一个好听的名字是尝试错误。我们尝试不同的行为方法，直到得到想要的后果或结果，而只有那个成功得到需要帮助的行为才最终被正强化。正强化的基本概念是"抓住他们好的时刻"，然后强化好的行为。

强化物有很多不同种类，描述它们的术语有时候令人困惑，这取决于你怎么看。很遗憾，不是所有的"专家"都用完全一样的方法使用这些术语，所以会更令人困惑。这里有一些用来区别不同种类的强化物的术语和它们通常的解释。前边已经说过，强化物有可触摸或不可触摸的形式，有时候我们听人们谈论**原始**和**次级**或者**条件型强化物**。

原始强化物

原始强化物（primary reinforcer）本身就具有强化作用。一般来说，原始强化物是我们生存需要的东西。食物和水对任何饿了或渴了的人都有自然的强化作用（饿了和渴了的状态是背景事件）。

条件型强化物、二级强化物

口头赞扬或夸奖（或勋章、奖品）都是**条件型强化物**（conditioned reinforcer）和**二级强化物**（secondary reinforcer）。本质上它们自己并无强化作用，但当它们经常出现在原始强化物前面并与原始强化物连接在一起的时候，才开始成为强化物。

匹配

当中性刺激，也许是代币甚至某句话，与强化物一起呈现时，中性刺激本身会最终变成条件型、二级或者泛化的强化物，这被称作**匹配**（pairing）。如果老师或家长是得到的强化物的来源，通过与其他强化物匹配，这个人也可以成为条件型强化物。喜欢给孙子买一大堆礼物的爷爷奶奶，就是个体成为强有力的条件型强化物的例子。

有时候另一个区别是外在强化物还是内在强化物。

外在强化物

外在强化物（extrinsic reinforcers）一般是指可触及或可观察的后果，是通常可以看到、感觉到、触摸到的强化物，发生在获得强化的人的身体外部。迪克必须先吃蔬菜才能得到一块甜饼（外在强化物）；但是简也吃蔬菜，可能只因为她喜欢蔬菜（内在强化物）。

内在强化物

有时做某事的动作可能有自身强化作用，我们称之为内在强化或者**内在强化物**（intrinsic reinforcers）。有创造性的活动通常具有内在强化作用。对迪克来说，弹吉他具有内在强化作用；对简来说，画一幅花朵图画可能具有内在强化作用。想让迪克练习吉他或者让简画画，不用加入任何人工的后果，只需要给他们机会。

自动强化

我们把不包括任何与他人社交互动的强化作用称作**自动强化**（automatic reinforcement）。抽烟被尼古丁的效果强化，自我刺激的行为模式是自动强化的例子，许多自我伤害行为也是由自动强化维持的。其他的行为模式，比如我们有时看到程度不同的孤独症儿童长期摇椅子或抖手，也可能是自动强化的例子。因为很多孤独症儿童对社会强化物不敏感，自动强化物对他们就变得格外有效。

即使一部分这类行为（比如咬自己和戳眼睛）会最终对采取这种行为的儿童造成相当大的伤害，但行为的短期后果，比如降低焦虑或其他生理反应超过了长期后果，使得这些不当行为一直很强劲地发生。对所有人来说，搔痒都被认为是自动强化。

社会性强化

社会性强化（social reinforcement）是一种二级强化，包括获取他人关注。不是所有的关注都具有强化作用，这取决于社交场景和获取关注的来源。同样的事件可以具有原始和二级强化作用。我读研究生的时候，乔·考泰拉教授喜欢跟同事和学生们一起出去用餐。我们常去一家海鲜餐厅，乔教授面前经常摆着一桶蛤蜊。我们围着桌子聊天，当乔教授听到有人发表他喜欢的评论时，经常把蛤蜊当作强化物给他。如果你当时很饿又喜欢吃蛤蜊，那么蛤蜊是原始强化物；但如果你知道是因为你讲出了鲜明的观点而得到教授的关注与赞同，那么蛤蜊也可以由于它们代表的意思而变成二级强化物。

泛化型强化物

另外一种强化物叫**泛化型强化物**（generalized reinforcer），比如钱币。除了作为条件型强化物，泛化型强化物可以通过交换多种多样的强化物起到强化作用，如钱币、代币、星星、筹码、计分等相似的东西。

后备强化物

如果没有**后备强化物**（backup reinforcer）来换取泛化型强化物，泛化型强化物不可能保持长期有效性。我们可以用泛化型强化物来购买后备强化物（比如电视、车子、衣服、玩具、书籍、零食、特权等）。

食用强化物

当把一点食物作为强化物的时候，我们经常称其为**食用强化物**（edibles）。

通常，少量的 M&M 巧克力豆、坚果、饼干、葡萄等会被当作食用强化物。从长远上看，使用食物作为强化物只是暂时的情况，尤其是糖果等不太健康的东西，我们希望食物最终会被社会强化物或自然强化物取代。

自然强化物

当谈到**自然强化物**（natural reinforcer）的时候，一般是在谈论没有被人为设计或安排而发生的强化作用。我们每天在日常生活中都会碰到自然强化物，它们是日常生活的一部分。由于后果可以是强化，也可以是惩罚或消退，我们可以把自然强化当成一种自然后果。

人为设计的强化

斯金纳的**人为设计的强化**（contrived reinforcement）是指为某行为特意安排的人工的后果。行为后面自然发生的强化物不是人为设计的，但为了奖励迪克在座位上坐五分钟的行为，奖给他的 M&M 巧克力豆，或者为了奖励你工作一周，在周五得到的支票，这些都是人为设计的。

在很多情况下，我们希望人为设计的强化只是临时存在的，直到自然强化物接管，继续维持行为。可能某行为本身就有内在强化作用，比如，一位艺术家或手艺人在完成一幅画或一个作品后，会被成品所带来的喜悦强化。在教授社交行为的时候，我们可能需要通过人为设计的强化物来让简开始谈话或跟同学玩，不管她最开始的尝试有多不自然。经过一段时间，随着简的社交能力提高，我们希望她同伴的自然反应后果继续维持她不断提高的行为技能，人为设计的强化物可以被淘汰（就像之前谈到的食用强化物）。

只要谈论强化和强化物，就需要记住几个重点。首先，强化物有其特性，也就是说它们是高度个性化和个人化的。某物对你来说是强化物，对我来说可能未必是。我们每个人的口味都不一样，所谓萝卜白菜各有所爱。迪克可能喜欢在比萨饼上放鳀鱼，而简更喜欢放蘑菇。对于我个人来说，我从来没见过一款我不喜欢的比萨饼。

餍足

对预期的强化物来说，第二个重要的考虑方面是**餍足**（satiation）或剥夺的状态。在多数情况下，巧克力冰激凌对很多人来说是正强化物，但如果你刚在生日聚会上吃了一个三球的巧克力冰激凌，还吃了巧克力蛋糕，那么你现在可能再也吃不下巧克力了，你已经餍足了。如果你这时候一定要再吃一些，那么巧克力更像一个惩罚物，而不是强化物。经过一段时间，你恢复了对巧克力的需要，它又具备了强化物的功能。又过一段时间，你还没有得到巧克力，你会感觉到被剥夺，开始渴望巧克力。在剥夺的状态中，巧克力可以变成一个非常有力的强化物。

所以，有时，在某种情况下，一种刺激可能是强化物，但在另一些情况下，同一种刺激可能没有效果，甚至会带来令人不愉快的、厌恶的效果，从而对我们希望增强的行为起到惩罚或减少的作用，这非常让人困惑。在日常生活中，由于我们一直跟泛化型强化物（比如钱）打交道，所以很容易养成这种习惯性思维，某物有时候是强化物，那么它就一直是强化物（难道钱不是最终对每个人都有强化作用的吗？）。但事实上，把强化物定义为一个物品或一种情况，一定要先考虑它有什么效果，在某种特定情况下有什么功能，再决定它在此时此刻是不是一个真正的强化物。我们不能想当然地认为曾经是强化物就一直是强化物。应用行为分析中有句老话："强化物只有在起强化作用的时候才是强化物。"在第六章，我们会谈论一些辨别好坏强化物的方法。基本原则是，如果行为的后果让这个行为会再次发生，那么这个行为就被强化了。即使我们付一个人一百万美元来展示某种行为，但如果这个行为不会再次发生，那这一百万美元也不是强化物。

所以，你时不时会听到的另一个术语——餍足，因为这是一个重要的概念。记得如果希望预期的强化物有效，一定要注意迪克和简在什么时候感觉累了或无聊了，然后可以帮助调整。好消息是，在过了一段时间后，那些被厌倦了的以前的旧强化物会恢复它们的强化能力。所谓离别情更深。

习惯化

习惯化（habituation）的意思基本上就是习惯于某事。一般来说，比起有些事物在存在一段时间后变成"老一套"，新的或新奇的刺激更能吸引我们的关注。有时候习惯化是有好处的，比如我们对以前的一个厌恶刺激脱敏了，习惯了一种不好的气味或者背景的噪音。另外一方面，我们也会习惯于自己喜欢的事物，对以前有用的正强化物表示漠然。记得餍足吗？

就像你可以看到的，**因为某物曾经是强化物，并不代表它一直是强化物**。对于强化物和惩罚物，没有放之四海而皆准的标准，也就是没有东西对任何人在任何情况下都一直有强化或惩罚的作用。还记得把布瑞尔兔子扔到布莱尔荆棘中去的故事吗？① 原本预期的惩罚性的折磨，变成了布瑞尔最棒的强化物。

如果你在专心看书，可能会记得前面讲过，但是因为这是强化物的要点，重要事情说两遍：**因为某物曾经是强化物，并不代表它会一直是强化物**。没错，我又说了一遍。

不管在今天的特定情况下，某物对某人是不是强化物，我希望你记得计划中和非计划中的事情在不断发生，让这些事情更具有强化作用或更不具有强化作用。我确保当听到有术语描述增加或减少强化作用的时候，你不会感到奇怪。一个原因是我们在第三章已经提到过几个这样的术语。

---

① 译注：在民间故事里，狐狸想方设法把兔子扔进荆棘中，害死它，但狐狸不知道兔子从小是在荆棘中长大的，结果兔子成功脱逃。

回顾一下：当一件事发生是为了增加或降低另外一件事的强化效果，被称作动因操作（MO）或者建立型操作（EO）。动因操作可以是自然发生的事件，也可以是被有意安排的。我们可以增加那些希望当作强化物的刺激物的效果，也可以消减那些维持不当行为的强化物的效果，即废除型操作（AO）。

有些行为专家喜欢把激励人们做出不同反应的强化物分为四种：可触摸的强化物，提供感官刺激的强化物，获取别人社会关注的强化物，还有逃避或回避不愉快情境的负强化物，也就是下面要谈的。

负强化

除了正强化，还有一种强化被称作**负强化**（negative reinforcement）。一个很常见的误解是把负强化与惩罚混淆，但它们并不是一回事。事实上，负强化与惩罚根本就不一样，这会在后面进一步讨论。负强化**不会消退行为**，是增加或加强行为频率的第二种操作。在负强化中，期待行为发生时就停止不愉快或令人厌恶的条件，行为因此被增强。与其增加让人愉快的事物，不如去除或减少不让人愉快的事物。一个经典的负强化例子是汽车座椅上的安全带系统。如果你在系安全带之前就发动汽车引擎，很多时候警报会响起来，直到你系上安全带或关掉汽车引擎，让人讨厌的警报声才会停止。系上安全带后，司机和乘客才能避免令人厌恶的警报，安静地行驶。驾驶汽车的人将来更注意系上安全带，他们系上安全带的行为被负强化了。

负强化在社交中有很多例子。有谁没见过（或亲身经历过）孩子在超市不停地打扰家长要买这买那，直到尴尬的家长被磨得不耐烦，最后让步？很多人都觉得婴儿哭是让人厌恶的情境，妈妈为了让婴儿停止哭闹，每次婴儿一哭就走过去。由于婴儿停止哭闹，妈妈的行为被负强化，以后婴儿哭闹，妈妈就会更快地走过去。但每件事都有两面性，妈妈知道当婴儿简每次哭闹时，只要她一走过去就会停止哭；另一方面，婴儿简也学到每次她想得到正强化物，也就是妈妈的关注时，只需要哭闹妈妈就会走过来。长期来看，简会比以前更爱哭。

在学校，经常会看到跟老师捣乱的学生，他们行为的后果各不相同。在现实生活中（自然情境中，就像行为学家说的那样），负强化一直是把双刃剑。当被负强化的人结束了让人不愉快的某个行为时，也强化了另一个人在一开始就把情况变得不愉快的不必要的行为。

迪克可能真不喜欢在课堂上大声朗读，当老师说"把书拿出来，大声读第25页的故事"时，迪克就开始捣乱，把旁边同学桌上的纸扔到地上。老师看到了就让迪克出去。这样做去除了老师的厌恶刺激，也就是迪克的行为。对迪克来说，他也逃离了厌恶刺激，也就是在课堂大声朗读。结果是，下次朗读时，迪克很可能还会捣乱。迪克和老师都被负强化了：迪克通过捣乱可以逃避朗读；通过让迪克离开教室老师就不用忍受他的捣乱行为了（至少目前不用）。

从别人的视角分析这些情境会更有帮助。一个朋友跟我讲了一个他奶奶和家里的狗的故事。这只狗以前在晚餐的桌子旁边待很久要吃的，奶奶非常生气，琢磨着怎么让狗离开桌子。奶奶给这只老"幸运狗"一点食物，通常是餐桌上的一片肉。幸运狗马上叼走食物，来到私人空间享受加餐，奶奶暂时得到了片刻安静。奶奶刚放松了一会儿，狗很快又回来要吃的。奶奶很沮丧，会说"我给了它想要的，不明白它怎么又回来了？"在这个故事中，我们有两个好的强化的例子。首先，奶奶无意中使用正强化强化了幸运狗要吃的行为，这个行为就像你猜想的一样，被加强了。其次，幸运狗马上（但是暂时地）离开桌子是运用了负强化，让奶奶给她更多餐桌上的食物。

逃避

负强化有两类。第一类是**逃避**（escape），也就是让一个已经存在的厌恶情境停止。当早晨闹钟响起来的时候，我们伸手关掉它，逃避让人心烦的噪声（如果真想让闹钟更有效，应该把闹钟放在躺在床上够不到的地方，以便我们能有更多**醒来的行为**，降低关掉闹钟再继续睡觉的可能性）。如果孩子们在外面玩的时候突然下起倾盆大雨，他们会快速跑到有遮盖的地方，逃避又冷又湿的雨水。

回避

第二类负强化是**回避**（avoidance）。这种情况指在厌恶事件发生以前，采取某种行为来回避。迪克看到前面有欺负人的同学，可能会转过身朝另一个方向走去。电话上的来电显示功能负强化了我们回避不想接听的电话的行为。如果我们开车有些快，看到路边有警车，很可能会慢下来，回避吃罚单。我们做或者不做某些事来回避法律后果，比如罚单、入狱和其他让人厌恶的后果。

对于大一些的孩子和成人，在有同伴压力的情况下，我们会经常观察到负强化。高中生可能为了逃避被同伴嘲笑而最终让步，开始抽烟或喝酒。其他人可能为了不被同伴笑话，上来就直接参加这些活动。

为了帮助理解逃避和回避的区别，试想你在外面突然下起雨会发生什么。你开始被雨水淋湿，如果你很幸运带了伞，为了**逃避**被淋湿，你会撑开伞；或者你找到一个房檐避雨，或者回到室内。你被淋湿了一会儿，这对你来说是让人厌恶的，但是后来你逃避了这个让人厌恶的情境。你被雨困住几次后，如果想回避被淋湿的情况，可能开始学会当天空中有乌云的时候带伞。如果真开始下雨，你可以在下雨之前就撑开伞，**回避**被淋湿。逃避和回避都是负强化的例子。

除了这些增加行为的操作，还有三种降低行为的操作。

消退

如果想降低某行为的频率,应该确保目标行为发生后的事情不会鼓励或强化这个行为。通过拒绝给予强化物来消除行为的过程称为**消退**(extinction)。我们讲笑话时,如果没人笑(正强化物),以后讲笑话的行为很可能就成为过去时了(被消退)。经常看到老师忽视不举手就喊出答案的学生。这也是当简开始抱怨时,前面提到的那位妈妈应该做的(当然,设想妈妈知道她在无理取闹)。

消退爆发

在理想情况下,消退是一个对付发脾气的好方法,但要消退某行为经常需要很大的耐心。有时候,在某行为减少前,如果这个行为处于消退程序表上(这个行为不再获得强化),那么此行为的频率和强度会暂时增加。迪克可能知道他一抱怨就能得到妈妈的关注,但是有一天抱怨没有用了,所以在放弃之前,一开始他会抱怨得更厉害。这种暂时的增加被称作**消退爆发**(extinction burst)。不幸的是,很多人在这个时候犯错。迪克的父母觉得消退没用,当目标行为(抱怨)增加(在开始降低之前)的时候,为了让迪克安静,迪克要什么他们就给什么。迪克一般暂时会安静下来,他父母其实在强化并增强那个他们正想去除的行为。实际上,迪克学到的是他以前的旧的抱怨的强度不再有效,如果他想让抱怨重新获得回报,就要努力通过更长时间、更强烈的抱怨来达到目的。他学会要得到同样的甚至少一些的强化物,他现在需要表现得更强烈。这很不幸,因为如果他父母能够再耐心一点,迪克可以认识到通过抱怨的行为来达到目的已经不再有效。目前迪克的抱怨行为正在循序上升,如果他父母再次采用消退的方法,消退这个行为则需要更长时间。

消退需要时间,如果不能拿出足够的时间来消退目标行为,那就不应该尝试这种方法。你一定要有耐心。如果尝试消退,但失败了,那有可能目标行为会更糟糕。实际上,如果不能忍受暂时的行为增加,不确定你是否可以等待这个行为消失，或这个行为会伤害别人，而你不确定自己是否可以坚持，那么最好不要尝试消退。

消退程序最常被使用，也最容易出错。如果使用正确，消退应该与其他正强化一起使用，用适当的行为来替代问题行为。如果消退一种获得强化的方法，但没提供可接受的其他方法来维持孩子对强化物的一般水平，那会带来麻烦。孩子会通过其他方法寻找强化作用，如果没有提供合适的方法，很可能孩子会发展出另一个坏习惯。这种现象被非行为学家称为**症状替代**（symptom substitution）。

如果在某种情况下使用消退是实用的，那么消退不当行为的最好方法是把消退和强化一种不兼容反应结合起来。比如，如果想让简停止在课堂上大喊大叫，不但应该去除任何她通过大喊大叫获得的强化物（关注），还应该在她安静的时候给予强化。因为她不可能同时大喊大叫并保持安静，现在安静会带来好处，简会更愿意保持安静。

自发性恢复

有时候目标行为看起来被消退后，那个令人讨厌的、老的目标行为突然又出现了，这个转折被称作**自发性恢复**（spontaneous recovery）。就像消退爆发一样，对自发性恢复不用太大惊小怪，如果不强化它，就不会持续很长时间，会再消失。通常，消退爆发会在行为消退后不久出现，自发性恢复则发生得更晚，而且常常强度没有那么高。与消退爆发的危险一样，那就是如果不能一致实施消退程序，会意外强化并加强问题行为。

在操作式学习中，还有另外两种方法降低不当行为。

惩罚

在**惩罚**（punishment）中，厌恶刺激马上呈现在不想要的行为之后，结果是降低前面行为发生的频率。一个经典但并不提倡的例子是，迪克跟家长顶嘴，家长马上给他一巴掌。在学校里，惩罚的形式可能是严厉地跟迪克谈话，或让他写五十遍"我不会打同学"。虽然惩罚有时会有效，但研究表明，惩罚的后果并不一致，经常有不好的副作用，包括意外加强目标行为的可能性。

使用厌恶控制是行为矫正中最具争议的地方之一，尤其是惩罚。许多人在道德立场上反对使用惩罚，但另外一些人则不会。由于许多不良的副作用，有人会尽量避免使用惩罚。默里·西德曼写过一本很好的书《强迫及其后果》(*Coercion and its Fallout*, Murray Sidman, 1989)，详细地讨论了惩罚的运用和可能带来的问题。

无论你同意还是不同意使用惩罚，惩罚都在教育环境中被广泛采用，所以很值得探讨在使用惩罚的时候可能会遇到的一些问题。

第一，使用惩罚可能遇到的问题之一是经验和研究都表明惩罚会抑制而不是消退行为。也就是说只要惩罚的威胁看起来是真实的，被惩罚的个体可能会停止被惩罚的行为。可是一旦被惩罚的可能性没有了，被惩罚的行为经常会重现。行为只是暂时被抑制或控制，而没有被消退。使用惩罚偶然会教别人鬼鬼祟祟。

第二，惩罚的效果经常限于某个有针对性的具体情况。惩罚不像正强化那样容易被泛化到其他情境中。可能你认识一位司机，他驾车时习惯开得比限速稍快。这位朋友在某一段高速公路上得了一张警察的超速罚单，现在他开到显示限速的地方会降低速度，但在其他地方他还是会开得比限速快。这就像小孩如果知道可以逃脱就会调皮捣蛋一样，比如在大人不在的时候说脏话。

行为对比

实际上，如果某行为在一种情况下被惩罚或被抑制，在其他不被惩罚的情况下，此行为可能会增加出现的频率，这被称为**行为对比**（behavioral contrast）。在一种情况下被压抑的行为，可能在其他情况下会被加强。例如，假设迪克平均每节课扔 10 个纸球。上某节课时，老师通过惩罚让迪克只扔了三四个纸球。当迪克上下一堂课时，他扔纸球的数量可能高达 16 到 17 个。

第三，惩罚发生的地点会让在那里接受过惩罚的个体感到厌恶。我们听说过的人们不想回到坏事情发生的地方的故事还少吗？可以这么说，对这些地方不愉快的情感反应足以让他们尽量避免回到"犯罪现场"。即便不愉快的事情发生的地理位置跟事情本身没有关系，事主还是会避免这个地方。简不去学校的女洗手间，根源可能是她去年在这个洗手间里被一个高年级女生讥笑过。虽然这个高年级女生已经去了另外一所学校，但简去同一个洗手间的时候还是感到很不自在。

第四，被惩罚的孩子经常会厌恶实施惩罚的成人，这让成人很难以任何其他的方式控制孩子的行为。还记得前面谈过祖父母变成条件型强化物的例子吗？同样的方式，给予惩罚的成人也可以变成厌恶刺激，让被惩罚的人感到恐惧和厌恶。通常学校负责纪律的人员会掉进这个陷阱，比如一位严格的副校长。当这种情况发生时，这个人就更难有效地正面控制学生。

第五，一些惩罚与我们实际上想加强或鼓励的行为很相似。作为惩罚，让学生多做一篇数学题，无意中冒了增加学生对数学的厌恶程度的风险，这绝对是不想看到的副作用。如果数学是一种惩罚，做数学题就更加不愉快，长期的后果是学生会做更少的数学题。

第六，对被惩罚的人来说，有些惩罚的结果可能不是引起厌恶。如果迪克在课堂上乱扔东西，被告知放学后留校，跟一位老师在一起，而他正好喜欢这位老师，那么迪克可能以后在课堂上会扔更多的东西。就像不是每个期待的强化物对每个人都有强化作用一样，期待的惩罚也是一样。我记得高中时有位受人欢迎的英文老师，他同时兼任学校的足球教练。福德先生（不是真名，为了保护无辜者，我做了更改）被指定每周一作为放学后的留校监督员。事实证明，在秋季的足球季，周一的留校时间经常变成对上周末足球比赛的 45 分钟亮点回顾。不用说，周一被留校的男孩数量比这周其他天的数量要高很多，很多学生故意犯些小错误，来挣得周一下午留校的惩罚（实际是功能性的强化物）。

第七，就像强化物如果被过度使用会餍足并缺少效果一样，很多惩罚如果被过度使用，也会丧失效果。还记得习惯化吗？有些随着时间的推移不再适合了。对小学一年级的学生来说，责备可能有效，但当学生升到六年级、七年级时，责备就没那么有用了。

第八，由于使用惩罚可以压制不需要的行为，经常在短时间内很快奏效（即使长时间内会加强目标行为），实施惩罚的人经常得到强化（记得负强化作用吗？），将来会更容易很快地再次使用惩罚。如果没有认识到这一点，成人会掉入这样的陷阱里，也就是越来越多地使用惩罚，而不是真正降低不当行为的频率。

这些只是使用惩罚时一些可能发生的问题。请记住这些潜在问题，应该补充的是，用惩罚对付那些无论对孩子还是对别人都有危险的行为是有用的。惩罚可以迅速压制并暂时控制这些行为，直到可以用见效慢些、更有效的正强化，用更容易接受的行为来替代危险行为。

反应代价

另外一个降低行为的程序叫**反应代价**（response cost）。

有人认为反应代价是一种惩罚形式，但是没有那么多潜在缺点。在反应代价中，不当行为发生后，个体喜欢的物品会失去或减少。需要马上拿走的东西通常不是这个特殊问题行为的强化物。反应代价包括付罚单或失去特权。例如，一个孩子打了同学，他可能失去了今天课间休息的特权。从逻辑上讲，反应代价可以被当作负惩罚（拿走好的东西，降低目标行为）。比起惩罚，反应代价好像更有效，副作用也更小。

努力记住以上这五种基本操作式学习会比较困难，它们让人困惑。把这些操作用表格视觉化，可能会更容易记（见表4.1）。

表 4.1　操作式学习

	增强/增加行为			减弱/降低行为		
	正强化			惩罚		
增加	行为发生	行为后果	对行为的影响	行为发生	行为后果	对行为的影响
	+ →			+ →		
	讲笑话	听众笑	更经常讲笑话 ↑	讲笑话	听众嘘声	减少讲笑话 ↓
	负强化			消退		
	A. 回避					
减少	行为发生	行为后果	对行为的影响	行为发生	行为后果	对行为的影响
	− →			− →		
	下雨前打开雨伞	避免以后被淋湿	将来更多使用雨伞 ↑	讲笑话	听众不笑	减少讲笑话 ↓
	B. 逃避			反应代价		
	行为发生	行为后果	对行为的影响	行为发生	行为后果	对行为的影响
	− →			− →		
	下雨后打开雨伞	逃避被淋湿	将来更多使用雨伞 ↑	跟老师顶嘴	失去课间休息时间	减少跟老师顶嘴 ↓

强化程序表

很明显,不是每次做了要求做的事,人们都能得到强化物。他们的行为不能总在自然环境中得到强化,这也不切实际。这给我们带来了时间或程序强化或**强化程序表**(reinforcement schedules)的问题。

连续强化

当人们每次执行某种行为的时候都获得强化物,可以说他们处于**连续强化**(continuous reinforcement)程序表上。通常这是建立一个新行为的最快的方法。但是,为维持或保持行为,连续强化并不是必要的,相反,可能效率低下或不太切合实际。当迪克执行所期待的行为时,下一步是确保新行为被维持下去,或者变成一个常规习惯。这可以通过使用任何**间歇或部分强化**(intermittent or partial reinforcement)程序表来完成。

间歇强化/部分强化

在**间歇强化**(intermittent reinforcement)[或有时称作**部分强化**(partial reinforcement)]中,行为有时被强化,但不是一直被强化。有四种基本或简单的间歇强化程序表。其中两个程序表以展现的行为次数为基础,另外两个程序表以最后一次强化行为到现在的时间为基础。在现实生活中,间歇强化程序表比连续强化程序表要常见。还有更复杂的强化程序表,比如,由这四种基本的简单程序表组合而成的多重的、复合的和复杂的程序表,它们远远超出了这本书的范围。但不要担心,我不觉得你会在任何行为计划中会碰到这些程序表。

固定比率(FR)

第一种叫作**固定比率**(fixed ratio)程序表,每次目标行为出现固定的次数，个体就会被强化。比如，销售员每卖出四双鞋就会得到奖金提成；在课堂上，一个孩子每答对十道题就会得到一颗星星；按计件领取工资的工人就是在使用固定比率。FR 的缩写代表固定比率，后面是赢得强化物的特定行为的数量。如果需要组装五个小配件才计为一件，那么这次强化或工资程序表的缩写就是 FR 5。虽然固定比率使用起来最容易，但要注意避免通过牺牲工作的质量或准确性来提高数量或速度，最后马马虎虎地结束工作。

可变比率（VR）

第二种叫作**可变比率**（variable ratio）程序表。在可变比率程序表中，得到强化所需要的反应次数不断变化，所以简从来不知道什么时候会得到强化，她不得不总是在猜。她可能连续得到两次或三次强化，然后需要做出七到八次反应才能再得到一次强化。随着时间的推移，会有一个得到强化需要的平均反应次数，这可以被缩写字母和得到强化需要的行为的平均数来表示，比如 VR 10。这也是基本强化程序表中最重要、最有效的一种。我们的意思是，对于基本程序表来说，需要更少的强化总次数来维持行为，被可变比率程序表维持的行为是最难被消退的。这就是为什么赌场里老虎机一直在运行的原理。

固定时距（FI）

基于时间的两种程序表被称作**时距程序表**（interval schedules）。在时距程序表中，行为发生多少次并不重要，只要行为至少发生了一次，重要的是这次行为与上次行为发生之间经过了多少时间。如果烧开一壶水需要十分钟，那么在这十分钟之内，不管你去查看多少次都没有用。当第一个十分钟过去以后，你会得到一壶烧开的水。这就是**固定时距**（fixed interval，FI 10，代表十分钟）。

可变时距（VI）

还有一种叫作**可变时距**（variable interval）程序表。你有没有经历过给某人打电话但一直忙音的情况？我们不断拿起电话拨号但不知道什么时候才能打通。无论试了多少次，我们总是在第一次打通的时候得到强化。由于不知道什么时候能打通并成功完成通话，所以打电话的行为被可变时距强化着。

有时我们想强化一直持续的行为，而不是独立的反应。举个例子，在课堂阅读是持续的行为。我们不想有很多分心的行为，想让迪克坚持下去。在这种情况下，使用可变时距会更好。迪克为了得到强化，只能执行所需的行为，因为他从来不知道什么时候行为会被强化。

淡化

从连续程序表过渡到部分程序表的过程被称作**淡化**（thinning）。淡化是在不知不觉中逐渐发生的。要得到强化物需要表现出越来越多的适当行为，但是以一种比较慢的速度在增加，所以想要的行为不会因为强化物不够而消失。

以下是四种基本的间歇强化程序表总结。

A. 以反应数量（行为）为基础

① 固定比率（FR）
- 每发生 X 次反应会给予强化，X 固定。
- 个体通常知道什么时候强化物会到来。
- 举例，计件工作。
- 举例，以在板子上钉五个钉子为条件的代币（FR 5）。

② 可变比率（VR）
- 每发生 X 次反应会给予强化，X 不固定。
- 个体要一直猜测强化物什么时候会到来。
- 最有效的程序表（可以通过最小的代价获得最多的工作）。
- 最难掌握的程序表，需要成功地使用消退。
- 举例，单臂老虎机，设定平均每十次尝试会得到一次奖励（VR 10）。

B. 以上次被强化的反应到现在的时间为基础

① 固定时距（FI）
- 经过 X 时间，第一个反应会给予强化，X 固定。
- 在 X 时间段中，反应的次数与强化物的提供没有关系。
- 举例，检查咖啡是否煮好了（这与你检查多少次没有关系，因为咖啡还是不会提前煮好）。
- 如果煮熟一个鸡蛋需要三分钟，那就是总计需要三分钟（FI 3）。

② 可变时距（VI）
- 经过 X 时间，第一个反应会给予强化，X 不固定。
- 举例，试着给某人打电话，但一直占线（这与你打多少次电话没有关系，你不会知道什么时候电话会通）。
- 即使每周四都去钓鱼，你还是不会知道需要多久才能钓上来第一条鱼。如果你整个夏天做记录，可能会发现平均时间是 15 分钟（VI 15）。
- 在现实生活中，行为不会因为我们想强化或故意设计强化而被强化。日复一日，强化、惩罚和消退在以没有计划的、随机的、偶然的方式发生。到目前为止，在我们谈的多数例子中，行为后面发生的结果与这些行为有关，但在自然的环境中并不总是如此。

意外 / 偶然强化

即使不是有意的，行为也可以在无意中被**意外强化**（accidentally reinforced）或增强。强化物可以发生在随机行为后，发生的次数多了，就开始强化某种行为。这种情况可以在实际上想消退某行为的时候发生。比如，迪克也许知道他可以通过在课堂扔纸飞机被约翰逊老师送到校长办公室，从而逃避无聊的历史课。约翰逊老师在这种情况下感到左右为难。送迪克去校长办公室可以短期减少课堂干扰（对她来说是负强化），长期来讲，实际上意外强化了迪克扰乱课堂的行为（对迪克来说，这是正强化），让他在今后的历史课上更容易扰乱课堂。

偶然的强化作用带来了一个有趣的潜在问题，也就是我们所说的**迷信行为**。

迷信行为

迷信行为（superstitious behavior）指为了得到某种后果而参与的行为，但实际上这个行为对后果并没有影响。有时候这些行为被多次意外强化，使得我们觉得其中有联系。明白了吗？

如果某些行为后偶然发生的事情出现得够频繁，就可以开始影响行为。也许很久以前的一天，迪克为棒球比赛做热身运动的时候，他的头被蚊子叮了。然后在他第一次打垒的时候，他的头感到很痒。迪克为了挠头，把棒球帽抬高。然后第一次投球，迪克为他的团队投出一个好球。但在第二回合，迪克的头没有痒，他也没有挠头，不幸的是，纯属偶然，迪克不但没投中，反而出局了。当他第三次投球的时候，迪克意识到他的帽子又让他的头感到很痒，他再一次把棒球帽抬高，挠头，然后迪克又一次打了全垒打！下一次迪克的头并不痒，但是比赛是平局，迪克有些紧张，他想都没想又挠了挠头，然后第三次打中，让团队获胜。迪克那天比赛很顺利，得到很多强化物，比如安打和队友的社会承认。

几天以后再比赛，不管他的头痒还是不痒，迪克在击球之前继续抬高帽子并挠头。比赛中五次投球，他只投中两次，他的团队输了。这个分数不够赢得比赛，但在可变比率程序表下，这是足够维持迪克挠头的动作的正强化物。在他的棒球生涯中，迪克平均每十次打垒击中三次（可变比率），对于一个棒球选手，这个成绩很不错。他直到今天还保留着击球前抬起帽子挠头的迷信仪式。

如果你恰好是个棒球迷，时不时会观看职业棒球联盟赛，很可能已经注意到一些最出色的职业棒球投手在打球的时候遵守着自己的迷信常规！波士顿红袜队最有名的球员曾承认，他在比赛开始之前有跟他的球棒说话的习惯。我打赌这个行为有个有趣的演变过程！

迷信行为的模式大多数被间歇强化塑造并维持着。也许你可以想出一些生活中你或你认识的人参与的迷信行为。

第五章　还有哪些学习方法？

示范

到目前为止，已经讨论了直接教学法。除了已经讨论过的操作式学习以外，还有另一种对儿童尤其有影响力的学习方法，叫作**示范**（modeling）。示范有时也被称为**模仿**（imitative）、**替代别人**（vicarious）、**观察**（observational）或**社会性学习**（social learning）。示范是一种在观察别人（称作榜样）执行某行为后，个体行为发生改变的过程，而不是个体自己执行行为，然后直接经历后果。通常孩子越崇拜某个榜样，或与某个榜样越相似，这个榜样的行为就越可能会被模仿。举例，在课堂上一个孩子挑头开始吵闹，有样学样，一组孩子可能也开始吵闹；如果班上被崇拜的同学在帮忙做义工，那么别的同学也容易做同样的事。

一种形式的示范是老师演示怎样做某事。示范不一定被限制在观看某事发生，然后复制刚才看到的。除了观看别人在真实生活中的做法并模仿他们，在电视、电影中观察真实和虚构的角色，听唱片、广播、iPods，听与道德相关的故事，阅读书中的人物和其他类型的媒体等，都是示范的方式。

艾伯特·班杜拉和他的助手们（e.g., Bandura 1974）对示范做了相当多的研究，并写了很多有关书籍。虽然专家们对如何通过示范学习还存在不同意见，但鉴于本书的实践目的，不管好还是不好，我们都认为示范是一种影响行为的方法。（如果不是，为什么花那么多钱做电视广告，让演员示范、使用并购买各种产品，让明星告诉我们是买这个还是买那个？）

行为技能库

行为技能库（behavioral repertoire）包括某人目前有能力展示的全部能力，但多数没有在眼前展示出来。阅读是你技能库的一部分，也是你眼前正在做的。游泳可能也在你的技能库中，但如果你不是很有天分，你现在可能还不太会游泳。驾驶宇宙飞船可能不在你的行为技能库中，也肯定不在我的行为技能库中。

把学习行为和操作行为区分开非常重要。学习技能与学会怎样执行你以前不会的行为有关。你可能不会吹大号，如果你想学，要经过一个长时间的学习过程来掌握一些吹大号的行为，但很明显，只是因为吹大号现在在你的行为技能库中，并不代表你一直在吹大号。一定要有正确的条件才能**激励**你表演的行为。如果条件对了，我们会展示出很多平时不会随时随地演示的行为模式。你可能会开车，但希望你在阅读此书的时候没有开车。当学会了一种行为后，需要建立一个系统，在适当的条件下鼓励或**引发**并维持行为的表现。

示范是获得新行为模式的一种重要方法，对增强或减弱某种习惯也有效。观察示范经常被当作 S^D 来展示以前学的行为。示范对学习语言、体育技能、社交技能和其他复杂的行为都很重要。在机构化的场景中现场示范被认为尤其有效，比如在学校、监狱和精神病医院中。示范帮助教授行为的窍门，但并不代表观察者会执行此技能，除非我们对初学者在观察中或实际生活中设置了依联。用示范的方法教授如何执行一个新行为，并在实际操作中使用正强化，两者结合在一起是非常有力的。

经典条件作用

现在，学过普通心理学的读者可能会问："我记得有个俄国人，他对狗做过奇怪的事情。是有这么回事吗？"

好，既然问起来，这是一个开始学习的好机会。让我更新一下你的记忆。巴甫洛夫这个名字听起来是否比较熟悉？前面提到 B.F. 斯金纳是操作式学习的先父。同样，伊万·巴甫洛夫可以被认为是另外一种学习的先父，即**经典条件作用**（classical conditioning），有时候也称为**应答式条件**（respondent conditioning）或简称为**巴甫洛夫条件作用**（Pavlovian conditioning）。

在巴甫洛夫的经典实验中，据说他给狗设置了条件，让狗听到铃声以后分泌唾液。在开始实验之前，铃声对于狗来说是中性的。换种说法，铃声对狗没有影响，至少不会让他分泌唾液。巴甫洛夫不断摇铃，狗可能会做很多其他事情，但不会分泌唾液。另一方面，巴甫洛夫知道如果他喂狗吃肉糜，狗一定会开始分泌唾液。所以巴甫洛夫开始摇铃（在巴甫洛夫的术语中，称作中性刺激），然后马上把肉糜（称作先天或无条件刺激）放在狗嘴里，导致无条件的唾液分泌。这样做了一阵以后，巴甫洛夫发现，如果只摇铃，即便不喂狗吃肉糜，狗还是会分泌唾液，至少在一段时间内会。这一切发生了以后，铃声（以前被称作中性刺激）改了名字，现在被称作**后天**或**条件刺激**（取决于你读的是巴甫洛夫的哪个翻译版本）①。也就是说，只要在某种情况下，我们时不时地在铃声后提供旧的可靠的无条件的肉糜，用来加强联结，那么铃声就能一直被当作刺激诱发或引出唾液。如果只摇铃不给肉糜，坚持一段时间，最终会形成一种消退。我们会回到起点，铃声几乎再次变成了中性刺激。尽情摇铃，没有唾液。

巴甫洛夫和他的跟随者在狗和其他动物上做了很多实验，对此学习方法有很多发现。其他人运用这些发现，发展出多种对人类行为问题有效的干预

---

① 编注：后天刺激对应的英文是 conditioned stimulus，条件刺激对应的英文是 conditional stimulus。

措施。

经典条件作用反应当然重要，在行为矫正方面，经典条件作用下产生的反应最多的是干预不良情绪行为，比如恐惧。经典条件作用引起了许多恐惧和其他情绪行为问题，以经典条件作用原则为基础的行为干预技术成为有效的治疗方法，但这通常不被认为是应用行为分析的一部分，因此，目前不会深入介绍。如果你有兴趣多阅读这方面的内容，可以从约瑟夫·沃尔普（Wolpe, Wolpe 1988）的作品开始。

规则掌控的行为

有时候你可能听说过**规则掌控的行为**（rule-governed behavior）这个术语。

我们已经谈了很多**依联—塑造行为**（contingency-shaped behavior），它和规则掌控的行为之间是有差别的。我希望你记得依联—塑造行为包括**真实**的结果（强化物、惩罚物等）。规则掌控的行为是指某个体对于做这个或做那个的语言指示反应良好，虽然后果经常被明确说出来或暗示出来，但个体可能不会亲身经历。"吃蔬菜，你才能长得高、长得壮"；"你要再打妹妹，今天晚上就不许看电视"；"别碰那个热炉子"（暗示没有说出来的后果"不然你会烫伤自己"）；"做功课"（经常暗示的长期延迟后果是"有一天你会找到一份好工作"）。在上述情况和类似情况中，通常后果并没有发生在真实生活中，但学生的行为方式就像后果发生了一样。有些人比其他人对规则更有反应。虽然一定有例外，但我们认为孤独症儿童比一般人更能严格地遵守学到的规则，而有注意力缺陷多动障碍的人不太会受规则的影响，他们经常要通过更艰难的方式来学习（也就是说，他们需要亲自经历后果，多数行为是依联塑造的）。如果你喜欢比喻，依联塑造好比自己亲身经历某事，而规则掌控的行为好比被告之某事。由于通过规则和通过示范的学习都包括行为的变化，但都没有直接经历行为的后果，因此，有些人可能会说我们在谈论同一学习过程的不同方面。

在理想的世界中，规则告诉我们该怎样做，依联激励我们这样做。规则和依联通常都鼓励同一个行为，但在现实生活中，当规则告诉我们做一件事之后，依联有时塑造我们做另外一件事。

内隐性条件作用

另一种学习方法叫作**内隐性条件作用**（covert conditioning），包括个体想象一个要被影响的行为，然后再想象一个用来改变该行为的适当后果。内隐性条件作用超越了本书的讨论范围。在罗得岛格罗登护理中心（e.g., Groden 1993）有一些出版报告，证明内隐性条件作用程序对一些孤独症学生有效，所以如果你正在阅读这些报告，可能已经听说过内隐性条件作用这个术语。内隐性条件作用、示范和规则掌控的行为之间有很多共同点。

在实际生活中，学习经常比我们举的简单例子要复杂得多。我们一直在重复学习、忘记、重新学习的过程。我们在别人面前所做的每件事对他们的行为都有一定的影响，但对每个人来说，学习发生的过程都一样。通过调整基于这些原理的技术，我们可以适应任何情况。

第二部分
融会贯通

第六章 什么是行为分析？

十个步骤做到融会贯通

使用行为方法帮助解决人类问题的最大优势之一是找到了客观评估处理问题的方法。我们可以根据建立在客观证据和真实数据上的科学评估方法来做出干预决定，而不仅依靠于主观的意见和一厢情愿的想法。通过这种方法，可以根据客观数据、证据来继续、调整、中断或者替代干预治疗。

当某人做了一件不寻常的事情，别人会很自然地问："是什么让他做那样的事情？"尤其当提问的人碰巧知道你是一位心理学家，更会如此。这看起来是一个自然的问题，但实际上对这个问题并没有一个适合所有情况的回答。不同的人可能出于不同原因展示出同样的行为，不同的人可能出于同一个原因展示出不同的行为，同一个人可能在不同时间出于不同原因展示出同样的行为。这很让人困惑，对吗？

所以，怎样才能理解到底在发生什么？我们该做什么？在从行为的视角处理一个问题时，首先要做的事情通常被称为**行为分析**（behavior analysis）。这只是一个对问题情况做出判断并计划如何处理的方法。

在谈论看待和判断行为问题方法的时候，经常使用**功能分析**（functional analysis）和**功能性行为评估**（functional behavioral assessment）这两个术语。它们与识别哪个行为是功能的变量有关，不管这意味着什么，它们和类似术语的重点词是**功能**（functional）。我们在这里想努力弄明白的是行为提供了什么功能或目的。该行为实现了什么？回报是什么？它的操作如何提高了强化物的总体水平？行为的功能是回避或逃避某厌恶事件，还是导致了某种正强化效果？如果我们的目标是用更适合的行为来替代不当行为，那么更重要的是找出目前是什么在维持行为（"这样做给简带来什么好处？"），而不是找出最开始（可能是多年前）是什么导致了问题行为。目前行为的功能是什么？比如，对有沟通障碍的儿童来说，为了得到他人的关注，他们通常使用某种伤害身体的行为。

功能分析

功能分析（functional analysis）更是一种以科学为依据的方法，包括保持多种因素或变量不变（或恒定的变量），同时有意识地改变可能影响目标行为（B）的其他因素（A 和 C）。通过记录目标行为的变化，可以更客观地理解环境的改变对某个行为到底有没有影响。

功能性行为评估

通常**功能性行为评估**（functional behavior assessment, FBA）是一个更广泛的术语，可能包括功能分析，也包括其他收集信息的方法，比如回顾现有记录和对了解儿童的成人访谈。目标仍然是理解儿童的行为和各种可能影响此行为的因素之间的关系。

我们可以通过多种有效的行为评估方法来判断问题、制订计划并评估计划的有效性。通过各种方法收集评估信息，其中包括直接观察。与了解儿童的人或与儿童本人直接访谈，可以得到可靠的信息。评估也许包括使用由家长和老师完成的评估表格和行为评估量表。在与家长和老师谈话后，通过非正式的观察来确认或完善第一印象，经常可以决定把哪些行为设为目标。受过训练的观察者知道观察什么和怎样最好地记录观察结果，他们的直接观察经常是好的行为评估的主要因素。

就像前面提到过的，多数最初的转介不会为我们制订行为干预计划提供足够的信息，但至少能提供该从哪里开始的线索。通过与转介者、家长、老师和其他与孩子每天接触的个体的谈话，可以对问题行为有更好的了解。通过让照顾者完成关于行为的冗长的结构化问卷，有助于引导知情人给出更有用的信息。这个过程也可以帮助他们更多地从行为的角度来思考，比如学习从别人的视角来看问题，或用英语以外的第二语言来思考。

ABC是一种在教室观察时可以快速了解情况的方法，这种方法比较老式但仍有效。由于观察者倾向于记录所有发生的事情，有帮助的做法是在纸上画出三个竖行，标题分别为A（代表前提）、B（代表行为）和C（代表后果）。当观察者记录一个持续发生的事件时，这个事件几乎可以被自动分类到A、B和C里面。

时间	A	B	C
9:46	老师转过身，背对学生	迪克扔纸飞机	全班笑起来
9:47	老师转过身	迪克继续从黑板上抄笔记	——

由于转介理由过于主观或不完整，所以作用不大，而数据收集的观察方法则非常详细具体。ABC记录方法对于在两者之间搭建桥梁非常有用。

实施行为分析有很多种程序。这里介绍的十个步骤基于前面推荐的考泰拉和卡尼（Cautel, Kearney 1986, 1990）的程序，是从行为的视角来分析和处理问题的。

第一步：操作性定义目标行为

第一步是操作性定义问题行为，也就是清楚地讲出来。说迪克具有攻击性或简有很糟糕的自我形象，这并没提供很多有用的信息。为什么说迪克具有攻击性？可能是因为他冲老师扔东西。好，这是我们感兴趣的——迪克**扔东西**的行为。要改变的行为应该是具体或尽可能可以客观**操作**的。说迪克扰乱课堂秩序，并没有告诉我们很多，但如果说每次坐在迪克前面的女孩回头，迪克都用书打她的头，那就多了解很多了。

一个转介儿童来治疗的普遍原因是攻击。但这是什么意思？攻击的转介理由从哪里来？迪克经常做一些管理者不喜欢的事；也许管理者不喜欢简没有做某事，把简的行为称为被动攻击。

不管怎样，假设迪克在课堂上画了很多滴着血的武器和被肢解的尸体；或者简告诉同学如果她课间跟别人玩，她就会"整苦"她；或者有一个学生坐在座位上，但是当有别人靠近他时，他就咆哮。很多成年人可能把重复受关注的具体客观行为看成是**攻击**（aggression），然后只报告说孩子有攻击性，把主观的观察推向另一个高度。他们在解释和假定了行为的原因后，还觉得提供了清晰有用的帮助。（有时候问迪克的同学，迪克做了什么打扰到别人，这会对我们更有帮助。对很多类似事件，从孩子那里能得到更直接的回答。）

现在，由心理学家林奇博士来回顾迪克有攻击性的转介原因，但是林奇博士从来没有亲眼看到迪克攻击，并且到现在也没有别的信息来源和环境帮助解释。鉴于以前对攻击性这个词的经验和期待，林奇博士根据其他学生身体攻击别的学生的想法和记忆，做了（错误）推断：迪克也有一样的行为。从客观观察到主观标签，然后回到另一个假定有关这个孩子情况的客观观点，我们已经严重误解了事实真相，并为各种其他额外问题做了铺垫。如果一开始就把事情保持在客观的观察水平，会容易很多。一旦到了主观假设构建标签的地步，事情就完全乱套了。

取代行为

如果想改变某人的一个问题行为，应该尽量找到一个适合的、成功的并且被社会接受的行为来取代。取代旧行为的这个新行为被称为**取代行为**（replacement behavior）。通常我们选择的取代行为应该与不当行为的目标一样（有相似的效果），但更容易执行、更有效，并在社交上更有用、更容易被接受。

行为关联性法则

有时候很难决定哪些行为值得改变。当在 20 世纪 60 年代使用代币经济的时候，泰德多罗·艾龙和内森·阿兹林（Ted Ayllon, Nate Azrin）发明了一个有用的指南来帮助做这些决定，即**行为关联性法则**（relevance-of-behavior rule）。行为关联性法则指出，如果我们把时间和精力投入到有用的、在自然环境中得到足够强化的行为上，让自然发生的强化自动维持这些新行为，那么从长远上来说效果会更好。如果用所有的时间和精力教迪克某种行为，而当他回到真实世界中这个行为就完全没用，可能很快就消退了，那这样做有什么意义？这就像教迪克讲瑞典语，然后把他送到危地马拉去生活一样。当选择目标行为的时候，一个有用的问题是："如果改变这个行为，能给简的生活带来什么不同？"

一旦决定迪克应该做什么，搞清楚迪克是否已经会执行这个行为很重要。我们是在处理一个学习问题还是执行问题？换一种说法，迪克需要学习一种对他来说崭新的行为吗？比如，自己准备午餐。比起学习新行为，迪克是不是需要在新情境中更频繁地执行已掌握的行为？比如，可能是用纸巾而不是用袖子擦鼻子。我们面对的是学习问题还是执行问题，这对如何设计干预方案有很大影响。

行为目标

很多行为干预计划都依靠**行为目标**（behavioral objectives）来指导，并评估这些干预措施的效果。一些专家把行为目标描写为可观察、可测量的学习规范。简单来讲，行为目标是对希望简执行的行为的描述。想让简达到的行为改变的目标是什么？以下是好的行为目标具有的五个元素：

- 谁（会执行这个行为）
- 行为（迪克实际上会做什么）
- 结果（产品或者表现）
- 条件（例如，在餐厅，得到一个 20 个单词的清单等）
- 标准（例如，五次中有四次达到 90% 的准确率）

例如："迪克能正确拼写出四年级拼写书第六章中十个单词中的九个。"

第二步：找到基线

基线

第二步是获得一个**基线**（baseline），也就是说找出在特定情况下，孩子执行目标行为的频率。观察者通常会用一周左右的时间坐在教室里，观察迪克与环境的互动，记录感兴趣的行为。老师或老师助理，甚至班里别的同学有时可以自己收集基线数据。

找到基线的目的是帮助监督目标行为。一旦有了基线，通过检查目标行为发生的频率是减少了、增加了还是没有变化，应该可以很快知道干预是让事情变得更好、更糟还是根本没有任何作用。还记得第二章谈过行为频数和频率的重要性吗？我们把得到的这些数字称作**数据**（data）。在做出以事实证据为基础而不是主观意见为基础的决定时，数据非常有用。通常在开始干预前，会用一两周的时间收集基线数据，这使我们能得到一个更具代表性和稳定性的目标行为样本。一旦我们努力改变行为，就可以对所尝试的方法是否真有帮助做出更明智的以数据为基础的决定。这也能让我们根据真实的证据对未来做出调整。

在收集基线信息的最初几天，只因为一个成年人出现在教室里，会让人感觉有点不对劲儿，这很正常。如果一个陌生人走进教室观察，这个人不该参与课堂活动，并尽量减少与孩子们的互动。基本上，这个观察者应该在合理情况下尽可能躲在一个有好视线的角落里，这样可以最大限度减少对教室环境和对目标行为的影响。在进入教室或其他地方来做行为观察之前与老师和其他负责人解释一下是个好主意。

开始干预后，为了帮助监督进步并评估正在使用的干预方案的有效性，采用干预前的基线阶段收集数据的同样方法。即便干预结束了，在某些情况下做偶尔的后续数据收集还是有帮助的，可以帮我们查看复发的迹象。

在收集基线数据的时候，不需要每时每刻都观察并记录所有发生的行为。最重要的是，收集行为样本与通过民意测验询问某选民下次会选哪个喜欢的候选人的方式大致相同。当完成适当的抽样后，我们会对全局有个良好的认识。在处理很多学校的问题行为时，在校园进行 30~60 分钟的抽样观察是有效的。要得到一个有代表性的整体画面，经常需要每天观察不同的时间段。

事件抽样

有两种常用的行为抽样。第一种被称作**事件抽样**（event sampling），是指目标行为在一定时间段内发生的频率和次数，也就是说在每分钟、每十分钟、每小时或任何时间段内，这个行为发生了多少次。事件抽样对记录有明显开始和结束的非连续行为有用（比如，迪克站起来几次去削铅笔，或者简在 15 秒钟内可以命名几种动物）。我们经常通过某种划线的计数方式来记录（如，卌，//）。有时候也可以通过事件抽样来计算做某事需要的时间。例如，在体育课上，简绕跑道跑一圈需要多久；或在安静阅读时，迪克坐在（或离开）椅子的时间。

时间抽样

第二种抽样方法被称作**时间抽样**（time sampling）。时间抽样指行为在特定时间段里有没有出现，主要用于测量没有明显开始和结束的、连续的不容易记录的行为。发出无意义的噪声或跟同学交谈都是用时间抽样记录行为的例子，因为很难决定什么时候上一个行为结束，下一个行为开始。在使用时间抽样时，选择一个 10~30 秒的简短的统一的时距单位。如果在这期间行为发生了，那么无论是 1 秒钟还是全部的 30 秒钟，都当作发生来记录。一个有用的经验法则是，如果行为在 15 分钟内都没发生一次，应该尝试使用事件抽样。

持续时间

一旦开启了某种行为或行为模式和顺序，行为发生的长短就被称作行为的**持续时间**（duration）。持续时间的变化是可以发现行为进步的一种途径。如果简仍旧每天发大概五次脾气，但现在她发脾气的持续时间是四分钟，而不是以前的十分钟，这就是进步。

即使可以使用很多不同的记录系统，最有效的做法仍是针对具体情况设计一个个性化的系统。老师和家长可以使用打高尔夫时常用的手腕计数器，或使用可以别在腰带上的计数器，而其他的观察者可以使用一个记录表，用速记码输入适当的符号（比如，O 代表没有问题，S 代表离开座位，H 代表打人，Y 代表喊叫等）。

我们经常会用某种视觉形式，比如图表纸，把这些通过观察收集到的信息展示出来，用来快速检查随着时间的推移行为的频率有什么变化。在一些程序中，可能会看到一种有趣的图纸，被称为**标准速线图**（standard celeration chart），它经常被使用在**精准教学**（precision teaching）中。这是一种非常专业有效的教学方法，后面会进一步介绍。当你知道怎样使用并阅读它们后，这些图表会很有用。你需要一些具体的训练，即便是小学生，也能学会用这些图表记录自己的行为。

第三步：识别前提

下一个步骤是尝试确定目标行为的前提。在目标行为发生以前，是否有持续发生的事情？比如，在迪克冲老师扔东西之前，老师是否总是背对全班同学在黑板上写字。识别前提与前面第三章谈到的 SD 和 MO 有关。还记得它们吗？

潜伏期

在尝试识别行为的前提或顺序时，应该记得**潜伏期**（latency）的概念。潜伏期是指前提和行为之间的时间长度。如果老师告诉迪克把蜡笔收起来并把书拿出来，潜伏期指迪克花了多长时间开始行动。在很多情况下，潜伏期非常短，但是延迟也可以很明显。找到行为的前提虽然很有用，但经常相对困难，也不总是完全有必要。

了解目标行为在什么时间、地点发生最频繁或者最少也很重要。这些可以被认为是特殊的前提。

第四步：记录地点

目标行为在哪里发生？这个行为最经常发生的地点是哪里？也许在学校但很少在家里；也许在安静阅读的时候，但不在音乐课上；也许在餐厅和外面课间活动的地方，但从不在教室里。通过识别具体地点，经常能得到对目标行为有很强影响力的 S^D 的线索。

也许在这些地点发生的事件是重要的，也许对行为影响最大的是物理特性，比如颜色、光线、噪声、温度或房间里的物品或人。

找到行为在哪里不会发生，或发生的频率相对低也很重要，也许能找到有用的线索。建议通过改变高频率发生的场景来降低目标行为的发生频率。另一方面，可以对想加强的行为做行为分析，然后根据这个信息安排环境，让迪克更愿意参与目标行为。

第五步：记录时间

时间很重要，主要是为在目标行为发生时可能通常会发生什么提供线索。是不是在午餐以前，简感到饿的时候？是不是发生在上午，刚刚吃了某种药物以后？

就像"哪里"的问题与地点有关一样，**什么时候**的问题与时间有关，找到在行为出现高频和低频的时候发生了或没发生什么非常重要，但不应该把调查只局限于外部环境。借用斯金纳的一句话，行为不止于皮肤，所以考虑到身体内部发生了什么也很重要。也许现在是上午 11：30，而且迪克很饿。我们都亲身经历过，饥饿可以影响行为。

也许药劲儿已经过去了，也许现在是下午 2 点，简在上了一天学后感到很累，或者现在是晚上 10 点，简还没有上床睡觉。

散点图

已经谈了使用记号记录目标行为发生频率的方法。在很多情况下，一个更好的方法是使用某种被称作**散点图**（scatter plot）的不同形式。散点图是一个记录频率的方法，可以帮助决定什么时候目标行为发生最多，什么时候最少。就像在使用一张左面边缘处写有时间段的纸，然后可以在适当时间段旁的空白处给目标行为做记号。

假设记录迪克摸同学的频率,简单的散点图的一部分可能看起来是这样的:

10:00 ~ 10:15 //

10:16 ~ 10:30 /

10:31 ~ 10:45 //// ///

10:46 ~ 11:00 //

从以上数据中得知,在一个小时内,迪克摸了同学13次;也可以看到,其中8次触摸发生在10:31~10:45的时间段,超过一半。当检查迪克的日程表时,可以看到,这是上午课间休息时间,这说明迪克的环境有些潜在的重要因素变化,包括迪克所在的地点(或者地方)、活动和成人监督。这都是继续行为分析时要考虑的各种有用的信息。

许多人觉得使用图表或人为设计的表格,在各种格子里记录信息对组织信息是有用的。根据个别的情况,这些表格的实际设计可能会有所不同。

第六步:识别后果

比前提更重要的是行为的后果,尤其是行为出现后马上发生了什么。

也许迪克在教室扔完东西后,老师气得脸通红,并开始对班里大声喊叫,迪克觉得这个情境非常有趣。

现在我们对正在发生什么有了更多的有用信息,而不只是被告知迪克有攻击性。我们知道,每次老师转身在黑板上写字,迪克就冲她扔东西,然后老师脸变红并对着班里大声喊叫。这比某人仅仅给迪克贴一个"攻击性"的标签要有用。要注意一系列的前提、行为和后果,而不是"有攻击性"的标签。

在实际生活场景中,塑造、加强并维持目标行为的强化物很少在每次行为发生后都发生,记住这点很重要。还记得前面谈过的间歇强化程序表吗?

这些在现实生活中很常见，所以我们经常需要多观察行为发生的次数，才能知道是什么在强化这个行为。

有一句经常在老电影里被引用的话，即"跟着钱走"。为帮助理解行为，可以把这句话转述为"跟着强化物走"。一个被广泛采用的有利于找到强化物的工具是……

动机评估量表

动机评估量表（Motivational Assessment Scale, MAS）由马克·杜兰德和丹尼尔·克里明斯（Mark Durand, Daniel Crimmins）开发，是一个在进行行为分析或功能性行为评估时收集有用信息的问卷。MAS 要由家长和老师等了解孩子的人员来完成。基于对 16 个问题的回答，MAS 可以让我们更容易了解目标行为是由关注、实体强化物、逃避/回避还是由感觉刺激来强化的。一旦弄明白迪克得到的强化物的种类，就比较容易为他设计个性化的程序，帮助他改变行为。

第七步：识别正强化物和厌恶刺激

下一步是决定对迪克来说什么有强化作用，什么有厌恶作用，所以在设计程序时，可以把它们包括进去。有很多方法可以达到这个目的。当然，最简单的是问迪克喜欢什么，不喜欢什么。有个表格叫**强化物调查表**（Reinforcement Survey Schedule），对高中生和成人测试强化物很有用。还有针对小学生的**儿童强化物调查表**（Children's Reinforcement Survey Schedules）。这些和其他许多给儿童设计的表格，都可以在《儿童行为分析表格》（*Forms for Behavior Analysis with Children*, Cautela, Cautela, Eso 1983）一书中找到。也可以通过征求迪克的照顾者和其他了解迪克的人的意见来获取有关强化物的信息。有时也可以让家长填写有关他们的孩子的喜爱和厌恶的强化物调查表。有一点要说明，当然我们在寻找任何可能影响已经发生的行为的正强化物（第六步），但在第七步中，也要寻找其他可能使用的、用来加强想让迪克执行的适当行为的潜在强化物。

普雷马克原理

另外一种决定强化物的方法是给迪克各种可能性的选择，然后观察他在自由选择的情况下会做什么事情。换一种说法，在决定强化物时，在可以选择的时候，个体在两件事中做得更频繁的一件经常可以被当作另一件事的强化物。实际上作为一般规律，一个人经常执行的行为会被当作不经常发生的行为的强化物。例如，对一个不爱报税的烟鬼来说，唯一可以抽烟的方法是让他花些时间报税，没多久他的税就报好了。或有时候被称为"**祖母原则**"（Grandma's Law）。祖母可能告诉简："你先吃蔬菜，才能吃苹果饼。"使用高概率的行为来强化低概率的行为被称作**普雷马克原理**（Premack Principle）。简独自一人的时候，会在电话上跟她的朋友们聊天，而不是做功课，所以使用电话的特权应该被设置为做完功课的先决条件。如果能谨慎操作的话，可以通过孩子有兴趣的事情和活动来强化他们的其他行为。

强化物的总体水平

通常，如果某人最近一直没有得到任何此类强化，那么这个强化物就会更有力。另外一方面，如果个体接触了很多强化，那么这个强化物就没那么有力。这个总体上的强化物的水平被称为**强化物的总体水平**（general level of reinforcement, GLR）。

记住，强化物可以由可触摸的形式出现，比如一颗糖果；或不可触摸的形式，比如我们喜欢的人的微笑。但同样的东西并不对每个人都有强化作用，而且在某个时间、某种情况下，某物是某人的强化物，在别的时间、别的情况下却不会起到强化作用。即便你非常喜欢吃鸡肉沙拉三明治，但在刚吃完感恩节的晚餐后，你会为一个鸡肉沙拉三明治更努力地工作吗？

这些方法帮助我们了解应该怎样识别强化物，但唯一能确切知道强化物的方法是通过实验尝试可能的强化物，然后看行为发生了什么变化。

强化物抽样

有时候我们会使用一种叫**强化物抽样**（reinforcement sampling）的方法来引进潜在的新强化物。无条件地，不带任何附加条件地提供各种可能的强化物。也就是说，不需要做任何特殊的事情就能得到它们，（一开始）它们是免费的。我们在超市里都得到过新食品的免费试吃样品，在邮件里也得到过新产品的免费试用样品，希望我们以后会购买这些产品。这也是强化物抽样的一种形式。

各种用来识别正强化物的方法也能用来识别厌恶刺激。由于要强调正面作用，所以现在不讨论这个内容。

想到强化物，不要忘记在第四章中谈到的尤其重要的社会性强化物，这种强化物通过获取别人关注而得到。人是具有社会性的个体，关注可以是非常有力的强化物。给予关注的人对于获取关注的人越重要，关注就越有力。关注有多种形式：一个微笑、一句话、一个身体的接触或眼神的交集。对于某些有不寻常经历的个体，即便一句谴责、一踢、一拳都可能有强化作用。不幸的是，对很多有孤独症的个体来说，社会性强化对于他们来说不像对大多数人那么有效。

第八步：设计并执行计划

现在需要决定如何处理目标行为，必须设计一个计划并进行尝试。我们查看了到目前为止收集的信息，使用操作性的行为把具体的行为目标设置成工作目标。对于迪克在教室中扔东西的案例，最简单的解决办法当然是去掉区辨刺激 S^D。在这个假设的案例中是老师转过身在黑板上写字，但这不总是可以操作的。当刺激控制程序有帮助的时候，多数应用行为分析中最基本的元素会包括一些混合方法，也就是强化要增强的行为，同时使用消退来减弱不受欢迎的行为。

第九步：监督计划

一旦开始实施某个为特定孩子在特定环境中设置的计划，并不代表万事大吉了。要严密监督接下来发生的事情，不断观察并记录数据。持续的记录能帮助我们更好地理解基线以后发生的任何变化。

你现在可能注意到，在应用行为分析领域中，对收集数据谈论得很多。理想的状况是在行为计划前就收集数据，观察在没有帮助的情况下的现状是什么样的，然后边做边收集数据，观察干预有没有带来进步。甚至在完成干预后，定期收集数据来确定新行为是否可以自行维持。

探测

除了只对发生了什么进行观察和记录外，我们还定期设置一些小测试或测验，通常被称为实施**探测**（probe），用来检查干预效果，并确保我们朝着正确的方向前行。

有时候，在进行一段时间干预后，即便目标行为发生了令人鼓舞的变化，干预看起来有效果，我们还是会特意停止一段时间，暂时回到原始的基线状态。如果目标行为回到了基线水平，我们就认为确实是干预治疗引起了行为的进步，然后继续恢复干预。整个过程有时被称作 A-B-A-B 倒返设计（A-B-A-B reversal design）。其中，A 代表治疗前的基线状态，B 代表专门的干预治疗，所以 A-B-A-B 代表基线—治疗—基线（再一次）—治疗（再一次）。

另外一种常见的方式是通过**多基线设计**（multiple baseline）的方法来监视干预方案。在多基线设计中，一旦干预开始，就不能停止（假设发生了可接受的行为变化），干预被逐一应用到其他行为中，并被扩展为一系列的步骤。当逆转行为极不可取或有困难的时候，当让问题行为暂时返回到基线状态并不切实际的时候，多基线设计尤其有效。

完整性检查

完整性检查（integrity check）是另外一个名副其实的术语，指检查被告知的情况和真实情况之间是否存在实质性的差异。一种情况是当一个观察者收集数据时，比如记录简上课时回头跟萨莉说话的频率。有时候我们可能需要第二个观察者来记录同一个行为，然后可以看到两个观察者的报告之间有多接近，再用一个计算的数字表明观察者间的一致性，或技术上被称作**观察者信度**（interobserver reliability）。这虽然是一个很好的检查数据完整性的方法，但实际上，这种完整性检查可能在学术研究中要比在日常实践中发生得多。

家长、倡导者、顾问、督导和类似的人员经常会对第二种完整性检查方法更感兴趣，检查行为干预计划（或个别化教育计划）是否按照书写和期待的执行方法被定期实施。如果没有，为什么？可能有合理的原因解释为什么没有执行计划。外面有很多不适合的计划，如果真实发生的事情和人们以为发生的事情相吻合，那会比较好。只是因为孩子的文档里有几张纸——个别化教育计划、行为计划、504 计划，或别的，并不能保证纸上写的就是真实发生的。

第十步：评估并调整计划

当监督计划并继续收集数据时，如果迪克的行为发生了变化，需要对变化做出判断。如果计划无效，那么需要调整计划直到它生效。这可能需要重温前面提到的一些步骤，这也是表现责任感的时候。我们不想浪费任何人的时间和精力去做没有帮助的事情。通过使用有科学依据的循证实践的方法来检查并分析发生了什么，可以更好地发现什么有效、什么无效，然后根据科学而不是直觉做出更好的改变的决定。应用行为分析允许尝试众多的干预措施，但要公平、无私并科学地评估它们。应用行为分析显然不是一种适合所有人的方法，因为有时候它会与别的方法一起使用。

当评估行为变化计划时，不应该期望奇迹会一夜发生。坏习惯不是一夜形成的，好习惯也一样。就像许多坏习惯一样，如果不是好几年，很多我们努力改变的不当行为已经被强化了好几个月。因此，期望经过一段时间才能出现满意的变化是合理的。不过应该注意并鼓励在进步方向上的趋势和进步，并以此作为干预是否处于正确轨道上的证据，还要有耐心。

行为模式的变化很少会马上发生，也通常不会平稳顺畅地进行。如果迪克以前从来没完成过课堂阅读作业，而现在每周能够完成两天，那么这是个令人鼓舞的进步。这不是我们想要的目标，但我们正朝着正确的方向前进。在这个过程中，很可能迪克会退步。达到每周完成三次以后，他可能暂时退回到每周两次，之后再进步到每周四次。我们不应该因为退步而感到奇怪，更不该马上抛弃计划。请耐心，再多给些时间，看看会发生什么。如果需要调整，也只是一些小的调整，然后就能重新实施计划。

为了帮助记忆行为分析的十个步骤，一名学生曾经发明了下面的句子。[①]

我们（Our）	可操作化（Operationalize）（目标行为）
行为（Behavior）	基线（Baseline）
分析师（Analysts）	前提（Antecedent）
放在（Place）	地点（Place）

[①] 译注：由于中英文语法不同，英文原句的目的是把十个有关行为分析的关键词串起来，方便记忆。中文完整的意思是：行为分析师要把孩子谨慎地置于受监控的环境里。

那个（The）	时间（Time）
孩子（Child）	后果（Consequences）
里面（In）	识别（Identify）（正强化物和厌恶刺激）
谨慎地（Prudently）	设计（Plan）（并实施计划）
监督（Monitored）	监督（Monitor）（监督计划）
环境（Environment）	评估（Evaluate）（并调整计划）

这也许能帮你记住这些步骤！

这个章节开始的时候，有人说迪克有攻击性，但在整个过程中，这个有攻击性的标签对我们来说毫无用处。这就是为什么要避免使用诸如神经质、精神病或情感失调的标签的原因之一。人不能被顺利地归到任何一个类别里，即便可以，也不会对应该怎样帮助他们有任何改变，所以标签不是很有用的（有时候由于官僚的目的，还是需要的）。一个正式的医学诊断当然对治疗医学疾病和什么时候开药有用，但当我们在使用教育和其他环境干预来改善行为的时候，通常就没那么有用了。所以，懂得目标行为的 A、B 和 C 更有帮助。

我当然不期望多数家长和老师自己收集所有信息并实施行为分析，但现在你可能能够回答一些重要的问题，并知道为什么。

第七章　接下来做什么？

到目前为止，我们主要谈论了行为的基本法则和原理，以及基本应用方法。现在需要谈论这些行为法则和原理的具体应用。换句话说，就是谈论如果要改变某人的行为方式，实际上可以做什么。

首先，一个要记住的重点是无论使用强化物来加强行为，还是使用厌恶后果来削弱行为，重要的是这些后果要紧跟在目标行为后，不然我们会冒险强化或惩罚错误的行为。另外，为了更有效地学习，请记住结合实际使用这些基本的操作式学习。

如果你正在设计一个实际上依靠别人来实施的行为计划，一个重要的经验法则是：尽可能合乎情理地把计划设计得简单并容易管理。一份看着很宏伟的计划，实施起来可能会彻底失败。如果没有适当调动实施计划一线人员的积极性，并缺乏实施计划的培训，或者操劳过度的老师和工作人员把计划当成多余的工作，那我们就有麻烦了。即便工作人员愿意尝试计划，也一定要接受所需要的培训。请记住，在大多数情况下，告诉他们做什么（甚至给他们一份计划的复印件）和教他们怎么做，并不是一回事。

现在介绍几种应用行为分析领域中可能会遇到的比较常见的应用。

塑造

当我们想加强一个新行为的时候，经常没有时间等它自然发生，然后再强化它。多数的目标或目标行为很少发生，即使发生了，如果没有得到某种方式的强化，也可能还不在孩子的行为技能库中。有些情况下，我们会一直等某个行为出现。如果要教简游泳，这样的情况不太可能发生：在一个美好的晴天，简跳到水里，马上开始自由泳，并给我们机会强化她游泳的行为。所以通常有必要**塑造**（shaping）期待的行为。塑造指的是通过强化期待行为的连续渐进行为，可以让行为变得越来越接近最终想达到的目标行为。

在本质上，塑造把正强化和消退结合起来：通过正强化把行为向预期方向加强，通过消退来把行为引向不需要或不再需要的方向。我们不断把最近强化的行为用新的、更好的、更接近目标行为的行为来替代。举个例子，如果想让似乎总到处跑的迪克坐在他的椅子上，可能要从强化他越来越靠近椅子开始，最终触摸椅子，直到终于可以让他坐下。重要的是不能强化任何比已被强化的期待行为还偏离的行为，只应该在迪克展示更接近期待行为的时候才给予强化，并且在达到想要的行为之前，不应该两次强化同一行为。比如，我们已经强化了迪克离桌子80厘米远，就不应该强化他离桌子90厘米远，甚至站在80厘米远的地方，应该等迪克走到离桌子少于80厘米远的时候，再马上给予强化。

有时候当期待的行为终于出现时，人们采取行动往往很犹豫。他们可能担心搅乱事情并打乱平衡，觉得应该屏住呼吸，避免惹是生非，然后希望最好的情况发生。其实这正是**抓住他们最好表现**的绝好机会。

思考一下，我们有时跟孩子一起玩的"热冷游戏"①实际就建立在塑造的形式之上。当简离隐藏的奖品越来越近的时候，我们告诉她越来越热了，其实是在使用正强化来塑造她离目标越来越近。试想雕塑家在凿一块大理石，

---

① 译注：简单互动游戏，需要两个人和一件物品。一个是猎人，负责找东西；另一个负责藏东西并给指令。首先让猎人离开，另一个人把物品藏起来。猎人回来，开始寻找物品。当猎人远离目标时，另一个人根据距离说"冷、更冷、寒冷、冰冷"等；相反，当猎人靠近目标时，另一个人说"热、更热、燃烧、灼热"等。照这个方法一直提供线索，直到猎人发现隐藏的物品。

让它越来越像亚伯拉罕·林肯的雕像。当大理石越来越像老林肯的时候，雕塑家的雕塑行为就得到了强化。

另外一种使用塑造的方法是教简达到四年级的阅读水平。简必须开始学习字母、各种单词，学习阅读一年级的材料，然后逐渐接近最终目标。简每采取一步持续的接近目标的步骤，都应该被强化。代数也是通过几年的时间，一系列的步骤，用类似的方法学会的。首先认识数字，然后数数，接下来是简单算术，最后是代数。社交行为，比如合作游戏，可以通过首先强化孩子在玩的时候接近彼此，下一步强化一起交谈，然后强化更多地参与互动游戏来塑造。

在使用塑造的时候，经常改变赢得强化物需要的步骤的大小，然而我们的目标是通过有选择地强化越来越接近目标行为的行为，让事情朝正确的方向发展。

反应差别化

反应差别化（response differentiation）是一种与塑造有关的程序。有时某种行为不断发生，但以一种不能接受的标准发生。在反应差别化中，我们只强化那些达到可接受的标准的行为。例如，行为之间的区别与行为的不同质量有关，比如强度和持续时间，或者和行为执行的速度有关。这些可以帮助学生学习区分哪些行为的形式和标准是可以接受的，哪些不可以。老师可能通过反应差别化帮学生坚持把字写清楚，语言治疗师可以使用反应差别化帮学生坚持把话讲得更清楚。强化可以接受的与目标相近的行为，同时消退草率的尝试。

行为偏倚

理解塑造和反应差别化后，应该比较容易理解**行为偏倚**（behavioral

drift）。我们每次执行行为的方式是不一样的，毕竟我们不是机器人，对吗？无论是篮球罚球，弹一首钢琴曲或与刚碰到的熟人打招呼，我们的行为经常有小的、大的或更明显的区别。我们可能用一般或**平常**的方式来做某事，但有时候会做得好些，有时候会做得差，有时候偏向这样，有时候偏向那样。环境中的稳定因素可以确保行为的形式和形态在大多数时候接近一般的表现。当一些控制因素被去除或失效时，其他因素可能有更大的影响，行为开始更加偏离以前的一般行为。这个过程有时被称为**行为偏倚**。物理学家用**熵**这个术语来描述如果任事物自由发展，随着时间的推移，一个系统中的随机趋势的增加。这是同一个道理。

在自然环境中，由于缺乏一致的有效反馈和依联，我们会更依赖偶然的机会、不持续的前提和后果，所以如果不小心，即使训练有素且经验丰富的行为模式也会出现敷衍的趋势。为了避免过度偏倚，还是需要偶尔的正强化来确保我们在正确的轨道上，像重新设置一块开始走时不准的高级手表一样。

在人工或治疗环境中，可能会使用反应差别化（好，如果你需要，请往前翻，查找**反应差别化**），通过消退来减弱这些偏倚的趋势，通过正强化来加强希望鼓励的更精确的表现。想象一下，小拖船们正轻轻地拉动一艘大的远洋客轮，让它停进港口的码头。当它们尽力让客轮保持在一条精确的、笔直的、狭窄的通道上时，风和水流会让客轮偏离通道。也许音乐老师或滑冰教练的正面反馈起到正强化的作用，让顶级表演变成了更一致的习惯。

另一方面，我们可能做正相反的事，把行为偏倚的趋势当作优势。我们可以使用塑造来加强我们认为是进步的偏差，同时使用消退来降低更典型的表现再次发生的可能性。我们争取进步并把旧习惯甩在后面。

我们大概都经历过的行为偏倚的一个例子与书写有关。回忆一下刚上学的时候，老师非常强调书写的整齐和字母的框架。通常，我们中的很多人写字大概比现在要清晰，尤其当精细动作协调发展得还不错的时候。打乱字体的一个好办法是在高中和大学时期飞快地记笔记。此外,现在很少有人会纠正我们草率的字体。

偏倚的概念可以被应用到更广泛的情境中,比如教室。可能史密斯老师的教室有个一直被遵守的常规,学生课间休息回来要马上进入格外安静的阅读时间。史密斯老师努力工作了整个秋天才建立起这个常规。看到学生们都严格遵守,她感到非常高兴。

快到十一月底的时候,史密斯老师去休产假,琼斯老师作为长期代课老师接管了这个班级。虽然琼斯老师是一位很好的老师,但她一点也不知道"从课间休息直接进入到安静阅读"的规定。最初几天,班级出于习惯遵守老规定,但不久就有一两个孩子在开始阅读前会多磨蹭并聊一会儿。史密斯老师不在现场指导孩子回到正轨。对琼斯老师来说,这没什么大不了的。她把这段时间看成学生自由活动的时间,学生可以按照自己的愿望(在合理的范围内)自由支配,所以她从来不做任何干预。很快,班上就有四五个学生偏离了史密斯老师制定的常规。你肯定能想象,没过多久就只有少数学生还在努力安静阅读。

行为社会学家说行为偏倚会以更大的规模发生,经常发生在一所学校或其他机构的文化,甚至社会的文化。随着时间的推移,这个过程有助于改变文化习俗和价值观,但这个课题属于不同的时间和地点。

行为在一些情况下比在另一些情况下更容易发生偏倚。

行为动量

对于一直处在间歇强化程序表上的行为,有时即使强化降低或停止,也很难被改变。抵抗改变的程度被认为是行为的**反应强度**(response strength),除非其他事情的发生改变了这种情况,否则行为会倾向于一直继续下去,这被称为**行为动量**(behavioral momentum)。上科学课时,你可能学过物理学家说的**惯性**，也就是直到某种新力量在物体上发生作用，物体会保持跟以前一样的移动趋势（或如果物体没移动，就保持静止）。行为动量也是一样的道理。

有时候，以行为动量为基础的程序在对付不服从的情况时是有用的（也就是说不做被要求做的事）。假设我们让迪克去倒垃圾，他不去，但我们知道迪克愿意做很多事，所以下次让他倒垃圾之前要尽量建立一些行为动量。通过使用被某些专家称为**前提高概率命令序列**（antecedent high-probability command sequence），也许能达到这个目的。简单地说，可以设置情境，先指导迪克去做几项他很喜欢的有强化作用的活动。比如一开始让迪克展示让他爱不释手的新宇宙飞船玩具，再让他打开电视机，然后去外面的车里取回留在那里的一袋饼干，再吃零食，等等。一旦建立起行为动量，迪克就会按照我们的方向前进（因为服从，他能得到很多强化），再告诉迪克去倒垃圾。研究表明，这种方法确实能增加我们获得服从的机会。虽然不是每次都见效，但肯定值得一试。

在课堂上，老师为了给这一天一个好的开始，可以先做喜欢的活动。一旦事情开始进行，就可以做些不太愉快的工作，然后在接近一天的尾声时，可以再次做学生喜欢的活动。这就像做一个三明治，把艰苦的工作放在两项比较让人高兴的活动中间。

串链

串链（chaining）包括把两个或两个以上相对简单的行为结合起来，就像连接成一个更复杂的行为链。举例，迪克可能学会了要刷牙就要先把牙刷弄湿，接下来把牙膏挤在牙刷上，然后用牙刷在牙齿上移动。或者先穿一只鞋，再把鞋带拉紧，最后打结。一步一步教各个步骤，因为我们希望迪克能掌握每个步骤，所以串链和塑造不同。

逆向串链/反向串链

另外一种链锁叫**逆向串链**（backward chaining）或**反向串链**（reverse chaining）。就是从最后的链接开始，在每个新掌握的行为步骤前建立额外的步骤。举例，我们可能先教简学会用牙刷在牙齿上移动（我们已经帮她把牙膏挤好），下一步她再学自己把牙膏挤在牙刷上。现在我们有了一个短行为链——挤牙膏和刷牙，然后加上拿出牙刷等来加长行为链，从而帮简变得更独立。由于长时间练习旧的行为链，并已掌握，这些行为接受过更多的强化，会比离目标行为更远的新链接更牢固。

与强化物匹配或直接出现在强化物之前的刺激往往会获得强化，并通常会让自己成为强化物，所以行为链上的每个链接都有两个功能或作用，一个与前面的行为有关，一个与后面的行为有关。好比这样的两种关系：你既是父母的孩子，也是你孩子的父母。每个链接都是前面行为的强化物，也是后面行为的区辨刺激。

每个链接都成为前面行为的强化物，也成为发出信号的区辨刺激，即如果行为链继续，那么会带来更多强化物。当导致目标的行为链的序列开始并继续发展，行为链会产生动力并变得更难停止。我们很多人在节食的时候都体验过这种动力。如果我们把饼干藏在一个秘密的地方，一旦开启行为链，就会越来越难停止。通往吃饼干的行为链，就会像一个往山下滚的雪球，走进藏着饼干的房间，打开柜门，拿出盒子，打开盖子，然后……你知道后面发生了什么。

这种情况出现在很多消费行为问题中，不只是吃饼干（想想抽烟和喝酒）。这些行为习惯更容易终止在行为链开始的地方。如果一开始就避免区辨刺激（接近诱惑和犯罪现场），可能更有效。如果让行为链持续到最后，我们中又会有多少人真的只吃一口饼干？一个薯片公司曾经用这个标语做宣传："打赌你不会只吃一片！"如果这是真的，我们要吃多少次**一片**才能停下来？

对于自然的行为链，最好尽早打断。

逆向串链对于记忆清单、诗歌、祷告、歌曲等是一项有效的技术。一旦开始回想并背诵片段，随之而来的每个连续部分都会比前面的部分学得更扎实，使这个片段更不可能被遗忘，反而可能被成功记住并完成。逆向串链经常比正向串链见效快，因为更接近强化物的最后链接和新加的链接，两者都被更及时地强化，它们自己也很快变成有效强化物。

另一方面，逆向串链并不对任何情况都最有效。例如，逆向串链对教授词语发音来说就不适合。

在教授新行为时，许多这类程序被结合起来使用。我们经常通过塑造来教授行为，通过强化作用来加强行为，通过区辨刺激将行为并入行为链中。

虽然串链是一种建立新行为的方法，但有时也被用来消弱不想要的行为。让行为变得无效，可以是去除此行为的有效方法。通过在程序中加入越来越多的步骤，强化物被不断延迟，变得如此遥远，从而失去有效性。有时候，设计得冗长复杂的消费者抱怨投诉的过程，会阻碍人们使用它们。即使开始使用，大多数人在结束之前也会放弃。

渐褪、辅助渐褪

当行为通过使用强化物和区辨刺激被建立起来后，比如直接的人工辅助或线索，这些区辨刺激就可以渐褪了，或逐步从情境中消失，留下更自然发生的区辨刺激来辅助行为，这被称为**辅助渐褪**（prompt fading）。一个**渐褪**（fading）的例子是书写程序，首先使用视觉指导让学生临摹整个单词或字母，然后转换到部分字母，临摹越来越少的字母，最后只提供画线的纸，但是学生的书写质量一直符合可接受的标准。我们不断强化目标行为，同时逐步减少区辨刺激。通常行为链中最后一环是最强的，所以最好从行为链的最后开始实施辅助渐褪。

另一个例子是教简安全过马路。你先把简带到人行横道，然后说："好，简，现在停下来，等一下。"随后，你给出一个很长的具体的语言辅助清单，比如，"看两边"，"观察行人过马路的灯，确保灯是绿色的，上面显示'走'，而不是红色的，显示'不要走'"，等等。当有具体辅助时，简遵守正确的顺序，当简持续执行相同的行为时，辅助在不断渐褪，变得更短，不具体，也许甚至只是一个问题："好，我们在街角，你现在该做什么？"

你教过一只狗听到自己的名字就跑过来吗？你可能做过类似这样的事：口头发出命令"过来"，然后拉一下拴狗的皮带或绳子，就像拉一下鱼竿，接着再轻轻拉一下，提醒莱西过来，最后，单独的语言命令"过来"就足够了。你逐步渐褪辅助，直到最后一叫它，听话的老莱西就自己跑过来（当然，假设莱西跑过来，你对它很好）。

需要注意，不要过度使用人工辅助。应该尽快降低迪克深陷辅助或者过度依赖辅助的机会，这通常发生得很快。

尽管我们尽了最大努力，但还是会发现当提供大量辅助时，迪克才能很好地执行一个行为，而没有辅助时，我们什么也没得到，至少没有得到期待的行为。

辅助依赖

如果迪克看起来变得依赖某种辅助，如果没有辅助他就不执行想要的行为，那么，可以说迪克产生了**辅助依赖**（prompt dependent）。深陷辅助的人似乎没有辅助就不行。

在渐褪辅助的时候密切观察被辅助的行为，然后根据发现，通过调整在渐褪过程中下一个步骤的大小来确保成功，通常可以避免辅助依赖。也许我们会期待迪克在短时间内取得很大的进步，但不要忘记，行为的改变不是一夜发生的。在降低辅助等级的过程中，加入一两个过渡阶梯经常会有帮助。

辅助等级

辅助等级（prompt hierarchy）是指根据提供的帮助程度来排列的一系列辅助。一系列侵入性由高到低的辅助例子包括提供身体指导，演示或示范目标行为，语言指示，姿势，比如手势、书写文字或图形符号列表，或把物品放在明显、容易发现的位置。每种一般类型的辅助可以根据需要被分解成更简单的步骤。

行为的维持

只是因为迪克可以做某事，并不代表迪克会去做。一旦教会迪克一种有用的新行为，就要确保他继续在正确的时间和地点展示这种行为。这就是干预中**行为的维持**（maintenance of behavior）这个概念。也就是说，当渐褪人工支持时，需要引进一个帮助新行为继续下去的计划。也许需要设计一个复杂包括很多强化物的行为计划，来让迪克做任何要他做的事。这样做在短时期内可能行得通，但肯定不理想，也不能永远保持。所以，需要规范迪克的环境来维持他的新行为。通过让迪克融入主流课堂，并试图把对迪克的行为控制转移到自然环境中，使用更自然的强化物，有利于帮助维持和泛化。

泛化

泛化（generalization）是指把行为和刺激的效果从特定的事件传播到更广泛的情境中。从技术上来说有不同的泛化方式，但对我们来说，最重要的是让迪克在不同的情境中有适当的行为。有时老师在独特的高度结构化环境中做了很多艰苦工作后，可能教会了迪克在老师说"迪克，早上好"的时候做出反应，迪克跟老师有好的眼神接触，微笑并说："早上好，史密斯女士。"但到此为止。当然，更长期的目标是迪克对校长布朗女士、监护人琼斯先生都报以同样的回答。如果简能学会区分罗宾逊夫人是一位女士，当看到罗宾逊夫人时会说她是一位女士，简可能会泛化这个反应，把史密斯夫人、沙利文夫人和莱恩夫人都称为"女士"。现在有更多的刺激会导致同一个反应，说"女士"。这就是刺激泛化。

虽然对很多人来说，一旦掌握或学会一种新行为，很容易在任何地方、任何时间执行这个行为，但对很多有特殊需要的儿童和成人来说，这样做很困难。我们需要做很多额外的工作让新行为出现在更广泛的情境中，希望最终能在好的自然的环境中泛化。有时候，我们需要直接在不同的情境中教授新行为。很多帮助泛化的方法强调使用刺激控制技术，让行为在更广泛的环境和情境中发生的过程，有些时候被称为**迁移训练**（transfer training）。

还有一种反应泛化，描述相同的刺激导致不同的反应时会发生什么。简可能学会了看到妈妈就叫"妈妈"。随着时间的推移，她可能开始说"妈咪"、"母亲"或者"妈"。这就是反应泛化，因为虽然刺激仍然是相同的，但现在对于这个刺激有了更多样的反应。

迪克的言语治疗师苏利文女士发现，当迪克跟她在言语治疗办公室时，可以教会迪克讲话清楚，但迪克的班主任说他回到教室后，仍会谈吐不清。所以，苏利文女士开始花时间待在迪克的教室里，以亲自看到迪克说话时是什么样子。苏利文女士会在一个能够辅助迪克讲话清楚的位置。当迪克讲话清楚的时候，就强化他的行为；当他讲话不清楚的时候，纠正他。也许苏利文女士现身教室可以作为迪克在教室里讲话清楚的一个区辨刺激。迪克发现，当同学能听懂他讲的话的时候，会给他更多的关注。随着时间的推移，迪克逐渐养成了在教室里讲话清楚的习惯，并且教室的其他特征也开始成为讲话清楚的区辨刺激。当迪克讲话清楚的行为被自然环境中的自然后果维持时，苏利文老师就可以慢慢地撤离教室了。

关注

当谈论给某事或某人**关注**（attention）时，经常是指认识或承认某事或某人存在的行为。在人类的交往中，关注表示我们注意到了别人的存在。由于人是有社会性的，对大多数人来说，最有力的强化物之一就是来自别人的关注。想一想，任何时候我们从任何人那里得到任何强化物时，也是在获得他们的关注。因此，当关注与别的强化物关联或匹配时，可以发展出很多强化因素。获得关注的人越觉得关注重要，关注作为强化物就越有力。关注可以以多种形式出现：一个微笑，一句话，一个身体接触，一个眼神接触，一笑，一拳，一踢，这些都是关注的形式。所以，关注通常被用来增强行为，就像之前说的，可以被当作正强化。

在教室里，关注可以来自于任何人。老师和同伴的关注都可以成为非常有力的强化物。具有强化作用的关注不一定在普遍意义上是好的或令人愉快的。在教室的环境中，老师的责备有时候会强化不想要的行为，或者充其量是中性或无效的。有时在全班面前被老师骂是很有强化作用的。老师在全班面前责备，班上的同学都在窃笑，这种公众性会把情况变复杂。降低老师希望减少的行为，但事实上却增强了这个行为。**轻声训斥**（soft reprimands）是一个术语，用来描述在公共场合与迪克轻声交谈。同学们不会听到对迪克的责备，所以能避免强化不想要的行为。同样的责备，如果公开讲出来，就可能成为强化物。

前面讨论过，在希望降低的行为发生以后，如果马上拒绝给予关注，那么可能在消退这个行为。如果拒绝给予的关注在一开始没有强化行为，行为就不会因此而消退。人们经常希望通过忽视某种行为而使这个行为消失，但似乎没什么作用。如果是这种情况，可能另有原因，比如，别人的关注只在一开始强化了这个行为。当然，在某种情况下从某人那里得到的关注可能会非常令人厌恶，尤其对幼童或青少年来说，同伴的讥笑或欺凌具有惩罚功能。

共同注意

说到注意，对于在孤独症谱系上的孩子来说，我们可能听到的另一个术语是**共同注意**（joint attention）。共同注意虽然不是一种行为原则或治疗程序，但描述了一系列大多数 9～18 个月的儿童在发展期间出现的重要行为。共同注意基本上是指儿童在他正在做的事情与和谁做之间来回转移注意。设想简正坐在餐桌旁玩拼图游戏，迪克坐在旁边鼓励她。如果简找到一片难拼的拼图，迪克可能说："哦，简，你找到的这片很难拼。"如果简抬头看着迪克，进行眼神接触然后微笑，承认他的存在，再低头寻找另一块拼图，这就是一个共同注意的例子。对于可能有社交障碍的儿童，这是一个重要的需要观察的行为模式。

在有孤独症的群体中经常出现的与注意相关的问题，被称作刺激过度选择。

刺激过度选择

刺激过度选择（stimulus overselectivity）是指专注于事物的某个部分，有时被描述为"只见树木不见森林"。比如，简可能在观察两个同学对话，但是她过于注意对话的内容，而没有注意到他们的面部表情和身体语言，而这些可以让她更全面地了解同学之间真正在发生什么。也许当迪克在跟芬尼根女士上语言课的时候，他只顾密切地注意老师嘴唇的移动，以致老师说的话却一句都没听到。

一种常用的给予人们注意的方式是赞扬。当给予口头赞扬的时候，要确保我们选择的语言真正具有强化赞美的作用。通常如果孩子懂得语言的意思（"简，你这棵树画得很美！"），这项工作就完成了。在其他时候，在字典中没有清楚表明语言的字面意思是赞美，但通过使用上下文和被赋予的热情，可以传递赞美的信息。第一次观看《欢乐满人间》这部电影后的四十多年，我还是不能在字典中找到"supercalifragilisticexpialidocious"①这个词,但我仍然知道,如果有人告诉我说我做的某事很"supercalifragilisticexpialidocious",那很可能是赞美。如果孩子的语言技能有限,不容易理解文字的含蓄意思,我们教他们的时候,应该更注意使用新的口头赞扬的效果。热情洋溢地口头赞扬,并偶尔把它们与已经建立的强化物匹配,会有很大帮助。

当好的行为发生时,用口头赞扬的形式给予注意来强化他们,这通常是个好主意。一个可能发生的问题是重复的、听起来没有热情的赞扬会很快让人失去兴趣。简可能只能听那么几次"做得好,简!",然后会捂上耳朵,不再去听。

幸好有看似数不清的方式来赞美某人。我们应该记住,生活的情趣在于多姿多彩,几乎所有的强化物都应该改变,或至少时不时地停用一下。我们应该平衡一下这个准则与我们的意识,也就是有些孩子真的不喜欢变化和多样。我们需要敏锐地观察,迪克所处环境的改变对他的行为是否有影响,有什么影响?最关键的是如果像强化物一样有效,它就是强化物;如果没有像强化物一样有效,它就不是强化物。

我有一位当小学老师的表姐。她告诉我,几年前她开始做老师时,她的妈妈(我的姑妈)给她列出了一个很棒的赞美学生的清单。有一个精彩的赞美清单已经存在一段时间了,我最近在几个网站上都看到了它(www.careerlab.com/99ways.htm),题目为《99种方法说很棒》。这个清单由阿泽拉·德克森(Arzella Dirksen)汇编,他创办了 HelpCenter 4——一个位于科罗拉多州丹佛市的 KCNC 电视消费者热线,这是给我们所说的内容加入一些变化的很好的开始。这些年我听过的不同说法包括:

---

① 译注:《欢乐满人间》是 1964 年由美国迪士尼影业公司出品的奇幻歌舞片。该片根据英国同名小说改编,讲述了化身为保姆的仙女玛丽来到人间,帮助两位小朋友重新获得生活乐趣,并让他们的父母重享天伦之乐的故事。影片有一首插曲,名为 Supercalifragilisticexpialidocious。1986 年该词被收入《牛津英语词典》,其含义是"非常棒,简直无法用语言形容"。

"做得好！"

"太好了！"

"这令我印象很深！"

"对了！"

"你太牛了！"

"你真是好运不断！"

"加油啊！"

"中了！"

"一流的！"

"极好的！"

"抱抱亲！"（我被告知 XO 代表亲吻和拥抱），当然，还有"supercalifragilisticexpialidocious！"

在尝试给予口头强化时，重点是让迪克和简明白我们在赞扬他们做的什么事。我们知道自己在说什么，并不意味着其他人也知道，尤其是孩子。我们不该总是想当然，所以当大家可能不明白的时候，请准备加上具体的评论，比如："简，你今天的拼写做得非常好！"来确保你们有相同的理解。

我打赌你能给这个"非常好"的清单增加更多版本，但最重要的是，无论你怎么说"非常好"，都请真诚地说。

差别强化

对于某些尝试鼓励的行为，我们高兴并愿意在任何时候、任何地点强化它们，尤其在刚掌握新的期待行为的时候，但多数行为在某些情境中比在别的情境中更适合。**差别强化**（differential reinforcement）指仅在某种情境中强化一个行为，而在其他情境中不强化这个行为。这些不同的情境可以指一个特殊刺激是否在场（记得区辨刺激和干扰刺激吗？）。简唱歌的行为可能在练习合唱的时候被强化，但如果在阅读的时候就得不到强化；简在练习合唱的时候唱得好会获得强化，而跑调或唱得太快则不会获得强化。

教室里的策略

还记得第四章谈到的连续、间歇和比率强化程序表吗？好，强化程序表并不止于此。

对其他行为的差别强化

一种经常被用来减弱或消退不当行为的差别强化方法是**对其他行为的差别强化**（differential reinforcement of other behavior，简称 DRO）。DRO 是一种时距强化程序表的应用。使用 DRO 时，只要在一个特定时刻（瞬时 DRO）或在某个特定时间段（时距 DRO）没有执行目标行为，简就会根据设置好的程序表得到强化。当然就像第四章谈论的强化程序表一样，这些时距和瞬间的时刻可以是固定的也可以是变化的。我们可以选择一个五分钟的时距，说如果简在这五分钟内一次都没有咬手指甲，那么她就赢得一个强化物；或者如果简在某个特定时刻没有咬手指甲，比如 9：05：00，那么她就赢得一个强化物。这些安排可以分别被称为时距或瞬时 DRO。

在 DRO 中，除了目标行为的任何其他行为都被强化。DRO 可以迅速降低目标行为，同时也存在意外强化其他不当行为的危险（记得意外强化和迷信行为吗？）。消退与罚时出局（本章后面介绍）通常对治疗由自动强化物维持的行为不太有效，DRO 和其他类型的差别强化可能会有帮助。

对不兼容行为的差别强化

差别强化的第二种方法是**对不兼容行为的差别强化**（differential

reinforcement of incompatible behavior，简称 DRI）。在 DRI 中，迪克一定要执行一种与目标行为不兼容的行为，一种不能同时执行的行为。例如，如果迪克咬手指甲，那么他在拍手、演奏乐器或挥动球棒的时候可能会得到预设的强化物，这些行为都不可能与咬手指甲同时发生。所以 DRI 有两种情况：目标行为没有发生，并且正在执行的其他行为让目标行为无法同时发生。应用行为分析和行为治疗中常见的做法是有效的，用实用的适应行为来替代不想要的不当行为。

对替代行为的差别强化

DRA（differential reinforcement of alternative behavior）代表**对替代行为的差别强化**。很多不同的事情都被称作 DRA。从广义上来讲，我们选择强化具体的行为而不是强化除了目标行为以外的任何行为（就像 DRO）。除了强化的替代行为不一定要与目标行为不兼容，DRA 与 DRI 很相似。比如，排队上美术课的时候，迪克喜欢用手指戳筒，逗同学笑并获得老师的注意。迪克的老师觉得不可以通过忽视来消退这个行为，于是让迪克参与一个替代行为，即根据班级列表来核对每个孩子的名字。这对迪克有很大的强化作用，他很高兴从戳人的行为转换到核对的行为。

还记得使用消退的问题吗？我们可能会以消退爆发而结束。有些时候，尤其在处理对孩子或对别人危险的行为的时候，我们不能冒险增加危险行为。DRA 的应用可以有效去除不当行为，并能避免那个让人讨厌的旧的行为消退爆发。为了这个目的而使用 DRA 时，必须首先弄明白维持不良目标行为的强化物是什么。然后，与其只停止强化，不如选择另一种提供相同强化作用的替代行为。我提到相同强化作用了吗？虽然我们使用同样的强化物，但在给予强化物时，仍可以采用一个更密集或更丰富的强化程序表。

举个例子，有一天简感到很沮丧，在教室里开始哭，并用力抓自己的胳膊。她这样做的时候，助理老师瑟伯女士把简带到教室外面，跟她谈话，让她安静下来。简非常喜欢瑟伯女士给她的个人关注，于是更频繁地哭和抓，这种行为经常每天发生一次，瑟伯老师继续安慰她。如果我们让瑟伯老师在简发作的时候忽视她，试图去除简的坏习惯，很可能简为了再次获取瑟伯老师的关注会更强烈地又哭又抓，这对全班来说很具有破坏作用，对简的危害也很严重，所以我们给简提供其他方式来与瑟伯老师独处。可以安排一下，每次简成功完成课堂活动，都可以跟瑟伯老师一起绕学校散步五分钟，这种情况一天可以发生好几次。

现在对于同一个强化物——瑟伯老师的关注，我们有两个替代行为，但在不同的强化程序表上。简不需要再依赖伤害自己来得到瑟伯老师的关注，通过给简的生活中加入额外强化物，我们也增加了她的一般强化水平，这是一个试图消退以前被强化的行为的好办法。当完成了所有这些工作时，不良目标行为已经成为过去，可以逐渐把替代行为的强化程序表降到低的一级，同时维持行为的频率，并避免消退爆发（我们希望如此）。

限时保留

有一种几乎每位家长和老师都使用过的程序表叫作**限时保留**（limited hold）。就像它的名称一样，限时保留指只在有限的时间内才有回报。例如，在我写这本书的时候，错过了一个餐厅的 22 美元优惠券的有效期；或者，"迪克，如果你在我数到十以前把玩具收拾好，那就给你读一个故事"；或者，简一定要在星期五之前递交读书报告，才能够得分。

对高频率行为的差别强化

对高频率行为的差别强化（differential reinforcement of high rates of behavior，简称 DHR）是一种把慢悠悠的步伐加快的方法。通常一定要在相对短的时间内重复出现好几遍目标行为才能得到强化物。不久前，我在新闻里听到一个关于某个瘦小的人好像在 15 分钟内吃了最多的热狗而得奖的故事。这就是 DRH。简可能需要在 1 分钟之内完成 10 道数学题才能得 A；如果她花了 2 分钟完成，那么她就得 B；或者 3 分钟，就得 C。简的老师可能为所有能够在 1 分钟内写出十个总统名字的学生提供奖品。

对低频率行为的差别强化

DRL（differential reinforcement of low rates of behavior）代表**对低频率行为的差别强化**（好像你到现在还没猜出来似的），有助于降低事情的速度。言语治疗师与一位讲话过快的学生工作，可能使用了 DRL 的方法，让他学会慢下来，用别人更容易懂的速率把话讲得更清楚。老师们经常要努力鼓励学生的课堂参与。有时候学生变成很有热情的参与者，并开始一个接一个地提问题，以至于垄断课堂。老师不想完全消退迪克参与的积极性，只想减低到一个更合理的水平，所以别的学生也有机会提问。老师决定只有迪克在两分钟之内没有企图提问时才会让他回答问题，用来强化他的尝试和参与。

非依联强化

非依联强化（noncontingent reinforcement, 简称 NCR）是指无论是否出现被后果强化的目标行为，在每一个场合都要给予强化物。我知道对一直关注这本书的人来说，这听起来有些疯狂，让我来试着解释一下。NCR 实际上是一种减少目标行为的迂回方式，而不是真的强化或加强行为，这就是原因。我们通过无条件地提供"奖励"，久而久之这些奖励开始对目标行为失去控制，消退了行为和后果之间的连接，再不需要通过执行目标行为才能得到强化物。如果无论上不上班，我们每周都会在邮箱里收到工资支票，那么我们之中还会有多少人为了挣得微薄的薪水而继续每周辛勤工作 40 小时？

NCR 听起来有些像在第四章中谈到的时距强化程序表，但二者有很大的区别。我希望你记得，在 FI 和 VI 程序表中，在要求的时距过去后，第一个发生的目标行为会得到强化物。所以如果时距是 10 分钟，10 分钟过去了，又过了 1 分钟，目标行为才发生，这两次强化之间的时间是 11 分钟。另一方面，对 NCR 来说，如果时距是 10 分钟，每隔 10 分钟就要给予强化物（希望不马上在目标行为发生后）。NCR 可以降低只有参与某种不当行为才能得到强化物的需要，而这种不当行为曾经是唯一获得强化物的方法。NCR 可以被当作消退和消退爆发的替代方案，尤其对自我伤害和其他危险行为，但这样使用时，NCR 应该被当作一个用来控制不当行为的过渡步骤，直到教授了更适合的替代行为。当用 NCR 来减弱一种不想要的行为时，应该注意不要意外塑造一些其他不想要的行为。

依联契约 / 行为契约

依联契约（contingency contract）有时被称为**行为契约**（behavioral contract）。当被改变行为的个体知道具体应该怎样做，他们的表现可不可以被接受，后果分别是什么，行为的改变就会变得容易。虽然不总是必要，但把内容写在一份正式的依联契约里是很有帮助的。一份依联契约（经常）是一份简单的书面声明，包括期待学生应该怎样做和后果是什么。你可能在工作中有一份合同，和别的条款一起，说明每工作一小时会得到多少美元的报酬。合同一般遵守"如果你做 A，我就做 B"或"如果你做 A，你就可以做 B"的形式。

一旦写好合同，准备几份额外的副本是有用的，让所有参与方都正式签字，并包括一两位见证人。某种仪式的正式性可以帮助激励孩子遵守合同。有一个对他们的期望行为的书面提醒，对他们也有好处。家庭的社会存在，包括孩子生活中重要的成年人，也可以帮助让合同有一个良好的开端。

有时看起来还不错的合同会出现不可预见的漏洞或其他问题。一个好方法是先从孩子的视角来读一下建议的合同，尽量发现潜在的尴尬问题。最开始应该给合同设个有限的时间，不要超过一周，如果发现不可预见的漏洞或其他问题，成年人可以从容地重新开始谈判。

代币经济

另一种在教室环境中有用的技术是**代币经济**（token economy）形式。我们已经知道强化、惩罚或反应代价，不管选择使用哪种方法，应该马上跟在目标行为后面，不然有导致错误行为的风险。虽然马上给予强化物不现实，但管理作为泛化型二级强化物的替代物总是可以的，比如代币、小星星、筹码、贴纸或者各种票，以后可以用来兑换或交换后备强化物。如果延迟奖励或看起来遥遥无期的奖励失去了现实性和有效性，对某些儿童激励不足，那么这种方法尤其有效。给孩子可触摸的东西会把未来奖品的有效性拉近很多。过去几年很著名的S&H绿色邮票就采取了这种工作原则。商场希望增强顾客消费的行为，一旦顾客买了东西并付了款，就会得到一些绿色邮票，顾客可以积攒邮票，最终换取他们选择的强化物。

强化清单

S&H绿色邮票公司出版了一个目录，上面有顾客可选择的奖品和强化物清单。目录上还把强化物的价格用绿色邮票的数量标出来。这个目录就是**强化清单**（reinforcement menu）的一个例子。

强化清单可以被绘制成一个孩子可以选择的强化物单子。每个物品应该有一个定价，价格是这个物品所需的代币数量。强化清单通常与代币程序一起使用，有助于降低**强化物餍足**（reinforcer satiation）的机会。如果只使用一种强化物，那么几乎每个人都会厌倦，很快失去有效性；但如果提供不同的强化物选择，就增加了我们拥有具有吸引力的东西的可能性。只使用通过执行此程序所要求的行为才能获得的强化物，通过别的方式则不容易获得。除此以外，应该定期改变清单上可获得的物品，让学生对新强化物的选择发表意见，并始终能跟上这些变化。

强化区域

有的老师会在教室里设置**强化区域**（reinforcement area）。强化区域可能是一张桌子，上面有一系列玩具、书本、游戏、拼图和其他有趣的活动。孩子们可以通过做功课或其他形式的良好行为赢得进入这个区域的不同时间长度（比如5~10分钟）。这个方法还减少了强化物餍足的问题。

在所有有关应用行为分析强化的讨论中，一个误导是正强化无非就是贿赂。让我来更正一下。

贿赂

贿赂（bribery）不是应用行为分析术语，但在应用行为分析中我们经常听到贿赂这个词被错误地用来描述正强化。《美式牛津字典》把贿赂定义为"……劝说（正在劝说）一个人为了某人的利益而采取不恰当的行为，比如送钱和资源等礼物"（1999, p.114），所以从定义上来讲，贿赂是指用刺激性物质引发非法或不道德的行为，并不是指正强化。

很多情况下，贿赂在问题行为之前就已发生了。我们都记得强化物是在目标行为发生之后给予的，是不是？大多数人在工作中以某种方式获取报酬，我们并不认为这是贿赂。如果成人可以通过工作得到正强化，为什么孩子就不能通过工作得到某种正强化呢？

无论我们喜欢还是不喜欢，正强化都是基本的学习法则之一，这在心理学实验室和现实生活中已经被演示并无数次得到证实。对建立在哲学基础上的学习法则感到生气，就像对万有引力定律感到生气一样，非常不值。这是世界的运作方式，不会在短时间内改变。

反应代价

我们在前面第四章中提到了**反应代价**（response cost）。重温一下你的记忆，反应代价是一种厌恶程序，但没有惩罚那么多缺点。罚款是一种很容易被放入依联契约中的反应代价。我们可以把一个罚款清单放到书面合同中，不管有没有合同，都可以公布张贴一张罚款表格，这是有用的。当使用罚款制度或任何以反应代价为基础的干预时，重点是不要让学生欠债太多。

如果同时使用强化和反应代价程序，那么可挣到的强化物与可失去的强化物应该是不相同的。当挣到强化物时，应该马上给予（但可能是延迟的）强化物，即使不受欢迎的行为让个体失去其他强化物。

罚时出局

罚时出局（time out）是强化物罚时出局的简称，也是我们常听到的一个术语，但罚时出局的名称和罚时出局的程序都经常被误用。有时候，我们找不到是什么在强化某行为，或者有很多事情在强化此行为，以致全部控制它们是不实际的。如果情况是这样，我们真的非常想控制手头的行为，必须把迪克从充满强化物的环境带走。通过把迪克带到罚时出局的地点来达到这个目的，这经常是一间没有强化物的屋子或空间（单独禁闭听起来熟悉吗？）。

使用得当的时候，罚时出局应该包括把迪克与所有的强化物来源分开，通过从情境中撤走所有强化物，或把迪克从有强化物的环境中撤出，可能让他去房间的角落、隔板的后面或旁边的房间。这应该在问题行为发生后马上进行，但应该是相对短的时间，每次 10~15 分钟就足够了。一个好用的规则是孩子年龄的每 1 岁就等于罚时出局的 1 分钟，所以一个 7 岁小孩的罚时出局时间可能是 7 分钟。假设没有发脾气或没有其他不当行为发生，如果罚时出局时间大大超过 10 分钟，是会起反作用的。当某种发脾气的行为开始发生，开始罚时出局的时间也要被延迟，直到发脾气结束。

在复杂的真实世界里，罚时出局在自然环境中通常包括惩罚、反应代价和消退因素，但在某种情况下，罚时出局可以起到正强化物的作用。如果孩子在自然环境中被过度刺激，罚时出局甚至能起到负强化物的作用。毕竟，我们不是偶尔都想要享受片刻的平和安静吗？

对于罚时出局来说，需要记住的两个重点是，一定要紧跟在问题行为发生后，所以在环境中没有机会出现强化物。另外，罚时出局的地点必须没有可能强化的东西，包括没人讲话，没人听或者看。推迟实施后果，把时间用来详细解释、谈判、争论、讨价还价、辩论、请求、交易或做任何事情，都会显著降低或完全否定预期后果的有效性。

在应用行为分析中我们做的很多事都包括某种逐渐的改变。在塑造中，我们强化一系列渐进行为，让这些行为逐渐变得越来越像目标行为；在淡化中，我们逐渐减少用来维持行为的强化的频率；在渐褪中，我们逐渐减弱一直使用的鼓励行为的辅助，同时让行为几乎保持不变。

要求渐褪

另一个包括渐褪这个词的术语是**要求渐褪**（demand fading）。要求渐褪经常包括通过逐渐加强对孩子的要求来继续得到强化。要求渐褪通常在给孩子提要求后，孩子出现发脾气、逃跑或避免的倾向的时候使用。通常我们想到渐褪的时候，会想到有些事情以一种或另一种方式在减弱或缩小，就像洗过很多次的衬衫褪色了一样，但有时渐褪会用来描述逐渐引进或增加某事，就像把电影的声道逐渐加大音量。

一般情况迪克会吃五口苹果，当被告知需要吃十口苹果时，他很可能会用发脾气来逃避。所以当事情进展得不错时，我们也许先逐渐增加一口，把要求从五口提高到六口，直到迪克接受这个提高，然后再提高到七口，以此类推。这让我想起了商店或油站的价格上涨。

有多种程序可以用来降低不适当行为，看起来好像传统意义上的常识性惩罚。

纠正

纠正（correction）这个术语的意思就像它听起来一样。如果你弄得一团糟，就要清理好。有些时候孩子发脾气，打翻或到处乱扔东西，让他们把东西捡起来并放回原处就是纠正的一种形式。如果迪克的行为导致他被罚时出局，罚时出局结束后，通常下一步是让他纠正并道歉。

过偿纠正

过偿纠正（overcorrection）是指纠正得再多一些。也许我们发现迪克在墙上乱写乱画，除了让他把墙上的涂鸦都擦干净以外，可能还要求他把房间的其他墙壁也擦干净。

正面练习

正面练习（positive practice）是过偿纠正的一种，基本上是让孩子一次又一次地排练适当的做法。如果简大声喊"给我一块饼干！"她可能被要求礼貌地说五遍："请问，我能要一块饼干吗？"以后，才能真正得到饼干。

反面练习

反面练习（negative practice）包括在没有强化物的情况下反复执行目标行为。作为一种降低不当行为的方法，反面练习已经被有效地用于帮助治疗抽搐、口吃和其他重复行为模式，包括人们在不知不觉中养成的坏习惯，比如反复弄响关节。

反面练习有很多潜在的滥用。如果迪克展示不当的行为，比如说脏话，他会被要求一遍又一遍地重复同样的行为，直到说脏话的行为令他厌恶，这就是反面练习。但在迪克和几乎所有例子中，都有更好的办法来对付目标行为。实际上，我已经很久没听说过此方法的运用。我希望即便你真听说过这个方法，也不是经常听说。

由于在讨论练习的种类，我应该提一下另外两种对学习有帮助的练习。

集中练习

集中练习（massed practice）是指在一个相对短的时间内重复同样行为的情境。在某些方面，集中练习好像是正面练习的一种极端的形式。我们中的很多人在不同时期都经历过的集中练习的形式是考试前突击。如果简周五有拼写测验，她可能会等到周四晚上，花一个小时一遍又一遍地练习同样的单词。

分散练习

分散练习（distributed practice）是一种学习方法，与其跟集中练习那样把所有的鸡蛋都放在一个篮子里，不如把练习分散成小剂量，在较长的一段时间内进行。如果简为拼写测验提前做出计划，从周一到周四的四个晚上，每晚拿出15分钟学习相同的单词，最后还是用了同样的一小时的总时间学习了同样的单词。假设无论你想学什么，你都付出了足够的学习和练习，分散练习会促成更好的长期记忆，让我们记得所学的一切。如果你考试前突击，第二天可能还考得不错，但考完了你真正能记住多少呢？

社交技能

社交技能训练

社交技能训练（social skills training）是用来描述任何教授人们如何与别人适当互动的方法的术语。社交技能训练中的目标行为包括眼神的接触，保持适当的社交距离和握手。录像仪器对于示范适当行为并给学生提供反馈很有帮助。

很多早期对社交技能训练的研究与教授大学生"约会"技能有关。除了让学生自愿成为研究对象外，还有几个其他原因。大量心理研究是由教授和研究生在大学里完成的，因为这是他们（研究者）所在的地方，并且他们有一个很大的潜在被试群体（本科生）。学生志愿者经常得到少量的报酬或额外的心理学学分，再加上多数大学生都希望提高自己的社交能力。好！这下你想要多少志愿者就有多少。

回到第五章，我们谈过获取技能与展示技能之间的区别。这个区别在社交技能训练中尤其重要。很多人可能已经学会并掌握了在某个社交情境中的适当社交技能，但是由于情绪的因素，比如社交焦虑，而不能有效地运用社交技能。这主要是一个展示技能的问题。对这些人来说，应该把治疗的重点放在情绪行为上，通过脱敏或者果敢自信训练的形式。对另外一些人来说，他们在社交情境中可能感觉非常舒适，但不知道什么是正确的事情和该怎么做。对他们来说，获取技能的问题应该排第一位，然后才是展示技能。简可能在角色扮演时非常好地演示了跟新同学自我介绍的适当方式，但在现实生活情境中，焦虑可能会阻止她（展示技能的问题）。迪克可能感觉比较放松，却不知道对新同学该说什么（获取技能的问题）。

可以通过不同方式来教授社交技能。许多社交技能训练包括四步结构化学习治疗（Goldstein, Sprafkin, Gershaw 1976）：**示范**（modeling）、**角色扮演**

(role playing)、**社交强化**(social reinforcement)和**迁移训练**(transfer training)。假设迪克有个问题,每当他想吃别的孩子的零食时就伸手去拿。我们的目标可能是让迪克有礼貌地问,比如:"简,请问你能给我一块饼干吗?"首先,我们可以通过自己讲来给迪克做示范:"简,请问你能给我一块饼干吗?"接下来,我们扮成简进行角色扮演,让迪克跟我们说:"简,请问你能给我一块饼干吗?"在角色扮演中,我们为迪克执行的社交上的适当行为[有时称为**亲社会行为**(prosocial behavior)]提供社交强化,比如,称赞他并偶尔真的奖励他一块饼干。

视频示范

对很多孤独症儿童来说,一种有效的教授社交技能的方法是在视频中观看别人演示各种社交行为。这种被称为**视频示范**(video modeling)的方法,对教授游戏技能特别有效。如果你想进一步学习使用视频示范,你可能会发现《视频示范和行为分析》(*Video Modeling and Behavior Analysis*, Nikopoulos, Keenan 2006)这本书有帮助。

图片链

图片链(photo chaining)是指一种教授行为的技术,通过图片向儿童展示一个行为序列的各个步骤。这是示范的一个应用例子。图片链除了经常被用来教授社交行为,还可以用来教授其他类型的行为。看图片的孩子可以是图片中的主角,通过表演社交、自理或其他行为,孩子成为他自己的榜样。

社交故事

由卡萝尔·格雷创建的(Gray, White 2002)**社交故事**(Social Stories™)是教有孤独症的个体和多数儿童社交技能的一种广为人知的方法。社交故事是一种示范的应用,包括经常配以图片的简单故事,为儿童提供循序渐进的社交技能、基本的自理技能、安全和个人卫生行为的操作。故事经常由一系列在方块或框架中绘制的图画呈现出来,图画的笔画简单,就像我们通常在漫画中看到的一样。方块中显示每个人实际在说什么,在泡泡形中显示每个人在想什么。

行为预演

把适当的社交行为的角色扮演和预期后果结合起来,有时被称作**行为预演**(behavioral rehearsal)。我们可以练习一系列的情境,包括期望的后果。当孩子能够更熟练地执行这些行为时,治疗师可以在情境中加入些意外的复杂情节,帮助孩子学习在更多样的环境中做到举止得体。一旦迪克掌握了新的社交行为,并可以在舞台排练情境中充分展示这个技能,就要把帮他将新行为迁移到现实生活的社会情境中当作重点,让他能有效地使用技能。

脚本

顾名思义,**脚本**(scripting)指重复前面听到或练习过的台词。我记得以前有位学生总是绕着学校走,边走边不停地背台词"我要买一个元音"[1]。如果你是美国游戏节目《命运之轮》的粉丝,就一定会明白这句话的意思。脚本也可以用积极的方法使用。我可以教授适合各种社交场景的脚本,然后在行为预演中练习这些脚本,有时可以把木偶当作模特示范。当迪克看见其他孩子正在玩他喜欢的玩具,经常会直接走到那些孩子面前,拿走他们正在玩的玩具,然后自己玩。由于他的这个坏习惯很成问题,我们可以教迪克走到简面前说:"简,我可以玩积木吗?"

---

[1] 译注:"命运之轮"是一个长期深受欢迎的美国电视游戏节目。竞赛者通过猜字谜并转动一个巨型轮子,来赢得现金和奖品。如果出现拼不出来的情况,可以选择花钱买一个"元音",帮助拼写字词。

迁移训练

有时候，我们用**迁移训练**（transfer training）这个术语来描述帮助简在新情境中执行某种行为的一般过程。这可以被当作一种泛化刺激来教授。根据情况，我们可能需要在一些步骤之间增加许多额外的步骤。当从不适当的社交行为过渡到适当的社交行为时，需要可管理的步骤。对于把学生带到外面的真实世界中学习，把新行为从精心控制的人为治疗环境转换到更自然的环境，迁移训练和泛化都很重要。

指导式练习

有些情况下，当想让简明白让她做什么并该怎样做的时候，口头指令与示范不是很有效。在谈论运动行为时，就更是这样了。有时候对适当的运动进行身体指导很有帮助，这被称作**指导式练习**（guided practice）。如果简的父母试图教她用球棒击打扔过来的垒球，在爸爸投球的时候，简的妈妈可以站在简的身后，手把手地指导她如何挥动球棒。

放松训练

放松对所有人来说都很重要。当我们想专注某事的时候，放松可以帮我们集中精力；当我们感到生气、恐惧或难过的时候，放松可以帮我们减轻痛苦。在过去的很多年中，各个领域教授不同形式的**放松训练**（relaxation training），比如压力管理训练、分娩课程、体育心理学和焦虑障碍治疗。虽然有很多方法可以学习放松，但对于行为学来说，最有名的是**渐进肌肉放松**（progressive muscle relaxation, PMR）。通过逐步放松肌肉，先收紧再放松全身的各个肌肉群组，首先单独进行，然后整体进行。这是一个很有用的自我控制方法，任何人在某个时刻一定会需要。

大家可以在生气前或有预期压力的情况下使用这个技巧，让自己先平静下来。有一本很有用的指导书是《成人、儿童和有特殊需要儿童放松综合指南》(*Relaxation: A Comprehensive Manual for Adults, Children and Children with Special Needs,* Cautela, Groden 1978)，描述了怎样对有特殊需要的儿童实行个性化的 PMR。在教授 PMR 时，让已学习到放松技巧的学生主动指导其他学生的小组放松课，经常很有帮助。通过在指导过程中大声讲话并给小组做示范，他们的学习效果更好，并能在应用中获得自信。

早在 1967 年，我在研究生院的老朋友杰夫·基恩和安东尼·格拉齐奥出版了（对我来说）第一份报告，成功教授一组孤独症儿童通过 PMR 应对"突然高度兴奋引起的突发暴力、增加的刺激和对适应行为学习的持续干扰"(Jeff Kean, Anthony Graziano, p.253)。

第八章 什么是行为教育？

正如前面所述，应用行为分析的应用范围非常广泛，但不是所有用途都与不当行为有关。许多应用行为分析对于普通教育和特殊教育都很有帮助。

行为教育

在学校和其他教育环境中使用基于行为学原理的教学程序，有时被称为**行为教育**（behavioral education）。

直接教学法

行为研究对教育最著名的贡献之一就是**直接教学法**（direct instruction）。直接教学法采用大量事先设计并精心排序的指令和辅助，要求学生积极反应或正确进行某种行为，以获得正强化。精心编排的课程经受了各种考验，证明对有各种各样特殊需要、处在不同社会经济背景中的学生都有成效。教师频繁使用手势信号，帮助有注意力缺陷多动障碍（ADHD）或有其他注意力问题的学生集中精力。立即纠正错误也是一项重要环节。课程的授课速度很快，往往要求学生每分钟至少完成十次积极反应。这种高速率的学生表现给老师提供了即时反馈，从而确保能马上发现并尽快解决任何学习问题。

DISTAR

直接教学法最著名的例子可能是由齐格弗里德·英格曼（Siegfried Engelmann）及其同事开发的 **DISTAR**（Direct Instruction for the Teaching of Arithmetic and Reading, **直接教学法教授数学和阅读**）。出于某种原因，他们一直把 DISTAR 的名称变来变去。我知道它还被称为"阅读精通法"（*Reading Mastery*），与视野和悦读（*Horizon and Funnix*）等其他课程也有关系。DISTAR 的阅读课最广为人知，除了阅读，DISTAR 也有数学和语言课程。

语言学习

语言学习（Language for Learning）是一项基于直接教学法的口语学习课程，是 DISTAR 语言课程的派生。尽管语言学习针对的是小学二年级学生，但对以英语为第二语言和有特殊需要的学生也很有帮助。此外，还有思考语言（Language for Thinking）和写作语言（Language for Writing）课程。

无错误学习

人们往往发现，成功率越高，在学习时就感到越快乐，学到的知识也就越多。如果考试能得 95 分，谁愿意只得 5 分呢？另外还要记住一点，无论做什么，我们都是在练习。虽然俗话说"熟能生巧"，但其实更确切的说法是"艺精成习"，即技艺精湛到已成为习惯反应。如果把一项工作做了一遍又一遍，无论对错，它都会成为一种越来越根深蒂固的习惯，所以练习做某事的时候，最好做得正确，不要做错。大多数行为教育都需要学生进行大量活动或行为，展示他们随着课程的进展所学到的东西。**无错误学习**（errorless learning）涉及在学习中妥善安排各项事宜，确保成功的最大化，比如塑造，从已知领域向最密切相关的未知领域拓展等。如果犯了错误，马上提供额外辅助，直到做出正确回应（可以是口头回答，也可以是其他一些行动），然后立即强化，再继续前进……无错误学习尤其对教授那些很容易有挫败感但不愿面对失败的人新的行为有帮助。我能在认识的人里找出好几位有这类性格的人，你呢？

精准教学

尽管**精准教学**（precision teaching）是一种彻头彻尾的行为教育法，但它仍然有自己的一套词汇。斯金纳手下的一位研究生奥格登·林斯利（Ogden Lindsley），有时被称为精准教学之父。我写这本书的首要目的就是把一些应用行为分析特别专业化的术语尽可能用浅显的文字解释清楚。你可能不知道，虽然精准教学只是应用行为分析的一项专业应用，但林斯利（朋友们都叫他奥格）还是认为应用行为分析里的"术语"太多，晦涩难懂，因此试图换成更容易理解的表达方式，对其他大量的应用行为分析术语进行解读。例如，在精准教学领域，人们通常以"运动"这个词来代替行为。还记得奥格的"死人规则"吗？死人不会运动，所以他们也就没有行为。增强或强化某种行为被称为**加速**（accelerating），而消退或减少某种行为的次数则被称为**减速**（decelerating）。**精准定位**（pinpointing）是指确定测量的行为或运动的目标。**目标**（aims）则指希望某一行为发生的目标次数。在精准教学中没有错误或失败的说法，只有正确反应和**学习机会**（learning opportunities）。

精准教学有三个最重要的组成部分：对正确和不正确反应的日常测量，使用标准图表记录和显示这些日常行为的次数，并针对如何更好地教授学生做出以客观数据为基础的决策。实际上，与其说精准教学是一种教学方法，不如说它更像是一种对教学方法有效性的评估手段。斯金纳的女儿茱莉·瓦尔加斯博士现为西弗吉尼亚大学教育心理学系的行为学教授，她曾建议**精准测量**（precision measurement）可能是一个更好的术语，因为它强调对教学效果的准确测量，而不是一种特殊的教学方法。这再一次诠释了斯金纳的观点：若无所谓学，则谈不上教。

流畅度

精准教学的重点概念之一就是**流畅度**（fluency）。流利是准确和速度相结合的产物。流利的重要性体现在阅读、体育、音乐和演说等很多方面。当我还是个高中生的时候，我能准确地进行英法双语互译，而且完成得很漂亮。但这项工作会花费我很长时间，同时需要使用法英辞典和包括法语语法在内的教科书。我最终肯定能把活儿干完，而且许多词汇的发音还比较准确，但显然我的法语不能算流利。同样的概念也适用于其他领域，如阅读、写作和数学。那些做事熟练的人很少犯错误，而且不管他们在做什么，都能以一种特别高效的速度干净利落地把事情做好。流畅度可以被认为对目标事物的掌握已经到了得心应手、收放自如的程度。有些人称之为**自动化**（automaticity）。

进行精准教学的老师们会把改善流畅度作为他们的主要目标之一，并运用许多计时技术来测量并记录流畅程度的改善。一分钟计时常用于评估学习的进步，例如，两位数加法的计算。简拿到一份练习题，上面有大量难度相似的两位数加法计算题。然后我们进行计时，看她在一分钟之内能正确算出多少道题。

流畅度是一项重要因素，但往往会被教学计划忽视。实现流畅有三大好处：所学知识更不容易忘记，增强从事某种行为的忍耐力和持久力，以及更加自如地把新技能应用到新情境中。

标准速线图、标准行为图表

这些精准教学计时的结果被记录在称为**标准速线图**（standard celeration

charts）或**标准行为图表**（standard behavior charts）的专门图纸上。这些打印出来的图表上有大量蓝色线条，乍一看上去相当眼晕，但其实没那么可怕。

作图

作图（charting）是指进行精准教学的老师在标准速线图上跟踪数据。精准教学的座右铭是"不要忽视表格"。

SAMFMEDS

另一个你可能听说过的精准教学的术语是 SAFMEDS。你可能要问，SAFMED 到底是什么？嗯，SAFMEDS 是字母缩写，这种词都是由一堆其他单词的首字母拼凑而成，以便于记忆。就 SAFMEDS 而言，它的意思是"打乱次序，每天一分钟，快速说出一切"（Say All Fast, Minute Each Day, Shuffled）。基本来说，相当于一种教学技术。例如，使用闪卡帮助简学习诸如各州首府之类的知识，每天都在一分钟之内向她展示卡片，但每次都重新洗牌打乱次序，避免简只记住卡片的次序。

尽管这种精准教学的方法听起来相当复杂，但一旦孩子习惯了，他们往往就能承担起记录自身行为的责任。20 世纪 70 年代有一套经典的幻灯片磁带，名叫《跟着斯蒂芬妮·贝茨画速线图》，由一位名叫斯蒂芬妮·贝茨的幼儿园小朋友解释并演示如何使用标准速线图绘制行为曲线。

程序教学

程序教学（programmed instruction）描述的是运用学习原理选择和组织教授什么（课程），以及如何教授。有各种各样的程序教学，较为常用的是在大学里讲授基础入门课程以及其他心理学和教育学课程。

PSI

PSI 不是热门美剧的名字,而是**个别化教学系统**(personalized system of instruction)的缩写。PSI 由斯金纳的好友,哈佛研究生院的同学弗雷德·凯勒(Fred Keller)创建,是一种个性化指导的应用。这套理论采取"按自己的进度"的因素,要求在学新的课程之前,从不同的角度证明已经掌握了的所学知识。PSI 以前经常会用到很多机械性的教学设备及程序文本,但现在许多程序文本和教学机器已经被电脑取代。PSI 经常使用小测验来判断学生是否已经充分掌握所学知识,然后再开始下一个单元的授课,而不是只给个总体学分。

程序文本

你可能已经接触过一个特别有趣的程序指导——**程序文本**(programmed texts)。用程序文本格式写成的书籍可以帮助读者更好地了解他们所读到的内容。一本名为《与孩子们一起生活》(*Living with Children,* Patterson 1976)的书可谓大名鼎鼎,其主要内容是介绍有关童年问题行为的行为研究方法。这本书就是(1)_____ 文本格式著作中的一个绝佳范例,起到了帮助读者了解所读内容的作用。程序文本经常使用填空形式编写,而且可以在相距不远的上下文里找到提示答案,以便读者在必要时进行快速的自我监督和自我纠错。这种方法可以使读者在阅读过程中更加轻松地(2)_____他们所读的内容。用程序文本编写的书籍,读起来也许没有一般书籍那么快。程序文本鼓励主动学习,引导读者在阅读过程中表现出更主动、更公开的行为,然后(3)_____读者就所读内容回答各种各样的问题。在书的结尾,读者不是被动地翻到最后一页,而是积极地获取更多有关本书内容的知识,并通过以正确答案将句子补充完整等公开(4)_____,进一步巩固学习。如果材料特别困难,或者如果为年纪小的读者所写,往往还会使用更强的区辨刺激来引发正确答案。例如这样一句话："激发行为的事件被称作（5）区＿＿＿＿刺＿＿＿＿＿。"

实际上，这一段关于程序文本的介绍就是用程序文本格式写成的，不算太差吧？

* 答案：

① 程序（programmed）

② 了解（learn）

③ 辅助（prompted）

④ 行为（behaving）

⑤ 区辨刺激（discriminative stimuli）

模板配对

模板配对（match to sample）是另一种行为教学技术，基本上就是这个术语的字面意思。给孩子看一个模板，然后提供一组可能与其配对的比对选择，引导孩子选择与模板最匹配的答案，就好像多项选择题一样。举个简单例子，正确的比对刺激与模板一模一样，如一块绿色的积木，或一支黄色的蜡笔。在复杂一点的例子中，模板配对可以用来教授词语识别。例如，用一张卡片显示"猫"这个词，然后给迪克看几张动物图片（里面当然包括猫的图片），让他从中选择。正确的选择会导致即时强化（immediate reinforcement）。

刺激等价

在更复杂的情况下，配对刺激并非完全一样，而是与它们所代表的事物相当。你以前在数学课上是否听到过，假如 A=B 且 B=C，那么 A=C？刺激等价也是这个意思。假设 🐶 这个符号代表我们在书中看到的一幅狗的图片，"DOG"代表使用"D、O、G"三个字母写出来的单词，而"dog"代表英文"狗"这个单词的发音，那么，这三项刺激都代表"狗"这个概念的符号，而且应该都能传达"狗"这个概念，所以它们全都被视为等价刺激。有意思的是，在大多数情况下，当直接教授其中两种关系时，例如，🐶（狗的图片）= "DOG"（文字），同时 🐶 = "dog"（发音），学习者通常都会自行建立起"DOG"（文字）= "dog"（发音）的联系。现在，假如简听到了单词"dog"，她会挑选 🐶 或 "DOG" 的书面单词，反之亦然，即使我们没有直接教授她这种关系。

这基本上就是人们所说的理解力。**刺激等价**（stimulus equivalence）及其应用当然要复杂得多，但现在没必要知道得那么多。教授刺激等价关系在语言培训中极其有用，而在恐惧症和其他情绪反应的扩散中，刺激等价也会发挥推波助澜的作用，有意思吧？不过这是另一个领域的另一个话题了。

如果你有兴趣进一步了解当今世界行为教育的发展现状，可以查阅专业期刊《儿童教育与治疗》(*Education and Treatment of Children*)和《行为教育杂志》(*The Journal of Behavior Education*)，都很有意思。

我相信你一定知道，沟通能力对人类来说至关重要。应用行为分析已经证明在帮助人们更加有效地学习沟通方面极具助益。在应用行为分析领域里，我们将与沟通有关的行为称为语言行为。

语言和语言行为

我们曾在第二章结尾处简单提到过语言行为。鉴于语言行为是应用行为分析的重要内容，而语言问题又是孤独症谱系障碍的一个重要问题，在讨论语言行为时可能会听到一些术语，所以了解一下没坏处，早晚会派得上用场。

提要求

提要求（mand）就是指提要求。在使用语言行为术语讨论语言行为时，提要求就是提出得到某物的意思。想一想"需求"（de-mand）和"命令"（com-mand），虽然没如此着重强调，但实际上要求即来源于此。要求尤其容易教，因为提要求的人是直接受益者，可以借此更加容易获得他们想要的东西。例如，迪克想让简把遥控器递给他，简单的一句话"给我遥控器"，这就是"要求"。

命名

命名（tact）是另一个语言行为术语，基本意思是命名或标记某事。如果简把一种长尾巴、"喵喵"叫、毛茸茸的小动物称为"猫咪"，她就是在"命名"猫。如果简在阅读一本图画书，看到一张小甜饼的图片，指着那块甜饼说"小甜饼"，简就"命名"了小甜饼。另一方面，如果简想吃零食，她也许会到妈妈那里说："小甜饼！"那现在就是"要求"了。你还跟得上吧？记住，根据某一项语言行为的具体环境和功能，同样的意思可以是提要求，也可以是命名，就好比同一个单词既可以是动词，也可以是名词，例如"希望""恋爱"，取决于你怎么使用它。

仿说

仿说（echoic）是一种语言行为，基本上代表这个词的字面意思。迪克重复或仿说他听到的简的话。仿说训练是干预那些口语能力有限的人的起步阶段。辅助和塑造经常用于帮助语言行为进行下去。这也是一种常用于语言教学的模仿形式。例如：

老师："狗在法语里叫'chien'。跟我念'Chien'。"

学生："Chien。"

功能性沟通训练

当人们无法顺利表达自己的需求时就会变得很沮丧，而且会出现这样那样的行为问题。有时这种折腾或不当行为会导致强化作用，比如关注。类似情况往往发生在那些言语和语言存在严重缺陷的个体身上。**功能性沟通训练**（functional communication training, FCT）是指教授其他的替代沟通方式，让语言能力严重缺陷的个体能够更加成功地表达自己，从而确保其需求被满足，获得强化作用的激励，而不必采取不当行为。在这些沟通系统里，行为取代了口语，发挥了语言的功能，起到了语言的作用，因为行为保证了孩子与他人进行成功的沟通。手语和图片交换沟通系统（Picture Exchange Communication System, PECS）是 FCT 的两个例子。

图片交换沟通系统

PECS 指**图片交换沟通系统**（Picture Exchange Communication System），是一套旨在教授存在严重沟通障碍的人初级沟通技巧的课程。PECS 可以分为几个培训阶段，首先是教授孩子使用一张图片强化物交换实际强化物，然后逐渐引导到对环境中的事物进行沟通。图片用于代表常见物体，符号则经常用于代表其他常见词汇。PECS 使不能通过言语沟通的孩子们利用一系列图片成功地表达自己。PECS 课程不常使用口头辅助。父母可以教授并使用 PECS。

ABLLS

ABLLS（Assessment of Basic Language and Learning Skills）是**基本语言和学习技能评估**的缩写。ABLLS（及其修订版 ABLLS-R）是一项系统

性的行为评估工具，旨在帮助识别语言和其他领域的技能缺陷（如几种语言行为、自理技能和早期认知技能），而这些技能通常都是小朋友在日常生活中学会的。认识这些技能的缺陷，能帮助孩子开发有针对性的个性化课程。

ADOS

ADOS（Autism Diagnostic Observation Schedule）是《**孤独症诊断观察量表**》的缩写。与 ABLLS 和其他评分工具一样，ADOS（及其修订版 ADOS-2）都不属于心理学家所认可的测试，而更像是一套观察从蹒跚学步的小宝宝到成人等各个年龄段的人类行为的有组织的体系。通过各种各样的社交和语言活动对各种行为进行观察和评分。基于这些行为观察，计算得分，借此评估广泛性发育障碍（PDD）或孤独症是否得到了恰当的诊断。由于第一版对言语能力有限的青少年和成年人不是特别有效，因此目前使用得更广泛的是 ADOS-2。

VB-MAPP

VB-MAPP（Verbal Behavior Milestones Assessment and Placement Program）代表**语言行为里程碑评估及安置程序**，是一套由马克·桑德伯格开发的语言行为评估系统。桑德伯格（Mark Sundberg）是斯金纳语言行为方法的顶尖专家之一，也是斯金纳的同事。VB-MAPP 是一项用于有孤独症和其他语言发育迟缓人群的项目。VB-MAPP 由五大部分组成，包括评估儿童当前语言技能和儿童在获得适当语言行为技能时所面临的障碍、进度监测、课程指南以及建议目标。

强化学习的其他途径

螺旋式学习

螺旋式学习（spiral learning）是一种周而复始的螺旋式教学法。我们不断复习几个主题，每次都进一步拓展或充实更多的详细内容，有点像脱敏，也有一点像分散学习。你难道没注意到本书的许多内容多少都有点重复吗？这会有助于你不停地复习前面章节介绍过的主题，虽然我通常都会在第二次介绍的时候增加一些新内容。

过度学习

过度学习（overlearning）是我们经常听到的另一个术语，但严格来说它并不是 ABA 术语。尽管这一术语有不同的使用方式，但过度学习通常指继续练习某事，即便这项学习已经达标后也不停止。学生们继续复习在练习测试中已经全部答对了的欧盟所有成员国的首都名称，钢琴家继续练习已在音乐会上演奏多年的莫扎特曲目，演员继续排练在一出已经上映数周的戏剧中的台词，体操运动员继续练习已经夺金牌的规定动作，这些统统属于过度学习。有些人能够根据记忆背诵出多年前首次学会的一段祷词，除了念这段祷词能够获得好处之外，他们也是在过度学习。

人们期待通过过度学习得到的一项主要好处是，让已经熟习的行为更不容易忘记。持续钻研数学题或单词拼写的学生，生疏好久之后还能捡起这些知识。过度学习也有助于在压力特别大的环境下提高保持正确行为的可能性，比如，参加考试或在观众面前表演。有些人把过度学习看作能够导致我们前面提到的流畅效果的过程。

LOVAAS

如果你对应用行为分析和孤独症已经有了很多了解，那极有可能听说过"Lovaas"这个用来描述一种治疗方法的词。奥勒·伊瓦尔·洛瓦斯（O. Ivar Lovaas）是孤独症治疗研究领域最具影响力的先驱之一。他主要研究对孤独症低幼儿童进行密集的行为治疗，并因此而闻名于世。1987年，洛瓦斯在《咨询与临床心理学杂志》发表了相关的研究成果。他的报告称，在曾被诊断患有孤独症并接受了密集行为治疗的幼童中，47%的孩子智力和教育功能在上小学一年级的时候达到正常范围。这些孩子已成功融入一年级的学生中，同学们也并不觉得他们有什么不合群的地方。由洛瓦斯开发的治疗法现在已经被冠以各种名称流传于世，包括早期密集行为干预（early intensive behavioral intervention, EIBI）、回合式教学（discrete trial training, DTT）和桌面训练，等等，当然也少不了洛瓦斯治疗法，而这一治疗法不过是洛瓦斯众多贡献中的一项。

早期密集行为干预

在讨论或阅读有关孤独症治疗问题的时候，我们经常会听到这样一个术语"早期密集行为干预"（early intensive behavioral intervention, EIBI）。虽然EIBI常用于指由洛瓦斯及其同事开发的各种治疗方法（如回合式教学），但EIBI确实不只是这种治疗的一个名字，它也涉及何时提供治疗以及治疗提供的程度等问题。简单说，EIBI基本就代表它的字面意思。在孩子很小的时候就开始治疗或干预，有时甚至提前到2岁，而且一般每周要进行30~40个小时。有时候EIBI还需要一组训练有素且受监督的提供服务的人员到孩子家中，轮流与孩子和他的家人共同完成治疗。EIBI计划的重点通常包括沟通、自理和社交技能等，提高儿童在当地公立学校教育课程中所必需的发展性的适当行为，而不是让孩子在高度专业化的学校来度过他们剩下的校园时光。

回合式教学

虽然这些年有很多五花八门的方法都被冠之以**回合式教学**（简称 DTT）的名字，但 DTT 的真正含义是若干经过构建的强化教学策略，有时会用于教授非常具体的行为。这些方法都经过非常周密的编排，具有高度重复性，运用同一项的前提、行为和后果进行一系列重复试验。例如，老师与学生面对面坐在一张小桌的两侧，辅助学生指认一遍又一遍显示给他的字母。这是一种向特定学生教授特定知识的有效方式，但重复的强度很大，而且如果不进行精心监控，部分学生有可能产生厌恶感。此外，这种方法一般缺乏泛化，所以需要使用其他程序帮助在高度人工化情境中新习得的行为泛化到更加自然的情境中。

尽管 DTT 是一种重要并成功的教学方法，但并不是唯一方法。DTT 应该被看作一种对许多儿童早期发育非常有效，但到最后都应该被更加主流的教学方法取代的方法。因为到儿童成长后，学生已经掌握了通过其他方式学习的前提技能。随着学生在 DTT 中的进步，他们也越来越多地在自然情境中接受更多的训练。

随机教学

利用生活情境自然而然产生的机会进行教学，被称为**随机教学**（incidental teaching）。随机教学可用于保持和泛化至少已经部分习得的行为，而且也是这类课程的一个重要组成部分。类似的情境包括孩子主动与旁边的大人互动，希望得到帮助获取某样东西。在机会出现时辅助迪克正确地说话发音则是另外一个例子。非正式请求也是一种机会，例如，简拉不上自己夹克的拉链，于是走到老师面前站定。老师看到简在对付自己的拉链，就利用这个自然出现的机会教会简如何寻求帮助，学会使用拉链。

尽管随机教学在某种程度上是可以计划的，但一定要使用自然强化物。

当学生们开始做喜欢的、特别愿意做的事情，或从事高概率行为时，老师们就可以利用机会，强化一些有用的、新的但是概率较低的行为。举个例子，在午饭后的自由活动时间，迪克喜欢翻阅一本关于火车的图画书（高概率行为），但在把书给迪克前，迪克的老师可以辅助他先把餐桌上的残渣剩饭清理干净（低概率行为），然后马上把书给他（正强化）。还记得普雷马克原理吗？

　　说到随机教学，就不能不提"趁热打铁"这句老话。一个版本的随机教学就应了这句老话。当出现学习机会时，老师要求简在开始学习之后马上进行两次复习尝试，然后再提供强化物。通过这种方式，简实际上进行了三次练习尝试，从而提高了在自然情境中对新行为的练习数量。例如，当简应该说"你好，迪克"的时候，她确实说了，但接下来老师还要辅助她再说两遍"你好，迪克"，最后才得到自己的强化物。

　　有些行为分析师用**随机教学**这个词来描述相对简化的自然情境教学。

自然情境训练/自然情境教学

　　我们在讨论 DTT 和随机教学这类内容时，也许听到过**自然情境训练**（Natural Enviroment Training, NET）或**自然情境教学**（Natural Enviroment Teaching, NET）的说法。这一术语听上去像是应用行为分析原则的替代使用方法，但实际上，自然情境教学强调的是在真实世界运用应用行为分析原则，在迪克的自然情境中教育迪克，而不是像 DTT 那样坐在桌边接受教育的人工环境。在 NET 的许多应用中，我们依照预测性更强的教学计划，而且要比随机教学有更多的事先计划，会使用内在动机材料。如果有可能，要利用孩子自己的兴趣。

　　我们也许不应该把这些方法理解为非此即彼或完全对立的关系，而应该将 NET 看作学习连续体系的一个部分。这个学习连续体系本身构成一个统一体，覆盖所有从最多的人工设计情境到最少的人工设计情境。虽然不能要求每个人在这个连续体系上都选择相同的起点，但先从一个经过高度设计的、限定性很强的情境开始，对许多人来说仍然是最好的选择，同时可以把目标设定为随着时间的推移，逐渐过渡到较少的人为设计，更加"正常化"，而且自然度越来越高的情境。从一个人嘴里说出的随机教学和另一个人以为的NET，可能是一回事儿，而在学习情境和方法的连续体系上，一种情境和方法的结束与另一种情境和方法的开始之间，并没有绝对明显的界限。

关键反应教学

关键反应教学（Pivotal Response Treatment, PRT）有时被称为**关键反应训练**（Pivotal Response Training）或**关键反应治疗**（Pivotal Response Therapy），是一种以应用行为分析为基础的治疗方法，由琳和罗伯特·凯格尔（Lynn and Robert Koegel）共同开发。PRT 关注的焦点并不是大量的个体行为，而是所谓的关键反应或行为。关键反应在许多重要领域的成功运转方面都是发挥关键作用的重要行为，比如自我管理、社交互动技巧、激励以及回应多重线索的能力等。这套方法的思路是教授一些关键的核心行为，可以为学习其他相关行为打开大门。在练习新学会的关键行为的过程中，学习这些相关行为的机会可以更加自然地涌现出来。通过将关注焦点放在这些关键领域上，人们希望改进和提高能够更加容易泛化到相关领域而不是直接针对这些相关领域的目标行为。PRT 的人为设计程度没有 DTT 那么严格，以游戏为基础，依靠的是自然强化物，而且父母训练的比重较大。

积极行为支持、积极行为干预和支持

积极行为干预和支持（Positive Behavioral Interventions and Supports, PBIS，原名积极行为支持）是一种家庭和学校环境下的行为问题处理方法，强调积

极控制。

积极行为支持（Positive Behavior Support, PBS）运动在发起之初本来是对有发育障碍的个体过度使用厌恶控制措施的一种反应。PBIS 领域自己的组织积极行为支持协会（Association for Positive Behavior Support, APBS），每年都会举行各种会议和培训活动，推广 PBIS 在学校和其他场合的使用。PBIS 使用了许多应用行为的方法和程序，而且许多 PBIS 的支持者同时也是行为分析师。PBIS 与应用行为基本相互兼容。

语言行为方法

语言行为方法（verbal behavior approach）以斯金纳对语言行为的看法为基础，专门用于帮助那些言语和/或语言能力有限的儿童。有关这一方法的大部分工作都已由杰克·迈克尔（Jack Michael）及其同事完成。VB 方法的基础是教授"提要求"（还记得什么是"提要求"吗？），然后继续推进，解决其他语言需求，尤其是那些一般被称为表达性语言技能的需求。这种方法对那些还没有掌握交谈的语言技能的儿童尤有助益。

CABAS

CABAS（Comprehensive Application of Behavior Analysis to Schooling）是**"行为分析在学校中的综合运用"**的缩写。哥伦比亚大学教师学院的道格·格里尔（Doug Greer）做了一些开发工作，形成了一套称为 CABAS 的行为学体系。这种方法不是指这里上阅读课，那里实施代币经济的分散教学，而是能对整个学校产生全面而彻底影响的一套体系。其行为原则适用于学校共同体的全体成员——学生、老师和家长，帮助他们学习如何更有效地履行各自的职责。美国、爱尔兰和英格兰已经建立了数所 CABAS 示范学校，包括那些专门从事孤独症谱系障碍和相关沟通障碍儿童治疗的学校。CABAS 理事会也为教师和其他从事行为教育工作的人员举办国际会议，提供资质认证。

前几章里，我们讨论了一部分更加常见的、你可能会遇到的行为原则的应用情况。当然这并不是全部。根据实际生活环境的具体情况以及这些原则在行为课程开发中发挥的创造性作用，我们可以用无穷无尽的方法来装扮大部分程序，以求提高效率。

第九章 总结

好，终于开始向终点冲刺啦！让我们用几页篇幅把需要牢记的一些重要原则复习一遍。

1. 强化（或厌恶后果）应该紧跟在我们希望纠正的行为后面。尽管马上给予强化物不一定每次都可行，但给予代币、星星、记分或对号之类的替代物还是基本可以做到的，然后可以再用来换取后备强化物。对于那些由于奖品太遥远而失去现实意义和效果，导致缺乏动力的孩子们来说，这种方法尤其有用。从有效的角度来说，给迪克和简一些有形的东西，会让他们觉得未来的奖品近在咫尺，触手可得。

2. 在学校环境里，最常使用的强化物包括具体的班级工作，提前课间休息，在特定的时间内玩玩具，在资源教室多待一会儿以及老师们给予个人注意等。注意是最有力的强化物之一。因为注意毕竟是一种区辨刺激，代表后面还有更多的强化物。对某些儿童来说，任何注意都有强化作用，即便是被老师骂一次，被爸妈揍一顿。这也正是训斥破坏性行为有时对某些孩子毫无作用的原因。事实上，由于给予了注意，这种训斥甚至有可能强化了破坏性行为。

3. 首先要强化逐渐接近于期待行为的行为。

4. 强化应该是频繁的，尤其是在开始的时候，但强化的幅度应该相对小一些。

5. 如果只有完成期待行为才能获得强化物，那么效果会更好。

6. 强化物应该是多种多样的。如果总是用一种东西奖励简，她很快就会对此感到厌倦，这件东西也就失去了强化的作用。制作强化物菜单可以有帮助。

7. 万能的强化物并不存在。对迪克有强化或（厌恶）作用的东西未必对简有效。选择强化物的时候必须非常小心，要确保强化物在现实环境中对施用对象能真正发挥强化作用。无论我们把某样东西想得多好，如果它不能强化行为，那么至少在那个环境里，它不是强化物。

8. 要让简知道她为什么受到强化或惩罚，这一点很重要。

9. 用代币作奖励时要解释一下原因，比如："简，你今天记得把家庭作业带来了，所以奖励给你这个。"

10. 强化的来源很重要。如果我们想努力赢得某人的青睐，那么他的一番表扬通常会比某个不相干的人说同一番话更有力。

11. 要制订强化程序，让参与的每个人都能从一开始就轻松地赢得一些强化物。如果一开始就遭遇失败，那这项计划有可能还没发挥作用就已经让孩子失去兴趣了。

12. 任何达成的契约都必须公平、诚实并且清楚。

13. 偶尔会有其他孩子觉得迪克得到了特殊待遇而嫉妒他，这会带来一些问题。解决这种问题的办法是让迪克为整个班级赢得强化物。这样做迪克可能也会变得更受欢迎。

14. 有时候可能找到了导致目标行为发生的刺激，或一直伴随其发生的条件。还记得区辨刺激吗？如果属于这种情况，那么，改变条件往往就足以改变目标行为。例如，如果迪克只是坐在某位同学旁边才胡闹，那么解决方案就是上课时把他俩分开。

总之，使用应用行为分析原则和程序有诸多优势，例如以下几点。

1. 应用行为分析可以用于解决任何问题。考泰拉和伊沙克在1996年出版的专著中列举了许多例子，证明行为原则可以广泛应用于一系列领域，包括药物滥用、HIV（人类免疫缺陷病毒，即艾滋病）的预防、大学教育、扶贫、体育运动、身体锻炼和老年病治疗等。

2. 应用行为分析的技术基于实验证据。如果一项技术无效，那就停止。应用行为分析鼓励实验，有各种各样的经验性实例显示在处理类似问题时，行为矫正技术比其他方式要更有效。

3. 与其他方式相比，以应用行为分析为基础的干预更加人性化，也不那么机械。可以针对每位学生量身订制干预程序，更加符合他们的学习风格和需求，而不是像处理流水线上的商品那样，用同一种方法对待所有人，忽视他们的个体独特性。

4. 通过设定客观的、可测量、可观察的行为目标，可以轻松观察到我们所做的工作是否有效。

5. 由于大家每时每刻都在矫正行为，行为程序可以很容易通过某种形式作用于儿童。

6. 行为矫正的结果往往是可逆的。不管学会了什么，也都容易遗忘并需要重新学习。

在与儿童工作时，你可能已经自己使用或看到别人使用以上很多的原则和技术程序。正如前面讨论过，大量的行为矫正实际上只是对常识系统的、有效的使用。

好，现在你已经是一位知识丰富的应用行为分析用户了！不过，在你没有接受更具体的培训之前，还是让专业人士来做吧。这本入门手册肯定做不到面面俱到，但我希望自己已经把应用行为分析领域里使用的大部分难懂词汇和概念解释清楚了。如果你根据自己孩子的行为矫正课上看到的情况，觉得有些解释没说到点儿上，或者你听到有人使用其他术语，那么，请你务必去问问正在使用那些术语的"专家"，请他用通俗易懂的语言来解释术语的意思。然后你可以在本书的后面添加你自己的个性化附录，让你的课程更具个性化，也更全面。如果不方便向专家提问，不妨参考一下附录和参考书目中列出的众多专著，在文章和有用的词汇中找到解释。祝你好运！请记住，好孩子都是夸出来的！

附录　还有哪些应用行为分析方面的书？

读至此处，我希望你发现《应用行为分析入门手册》对你了解应用行为分析提供了一个好的开始。虽然我试图介绍尽可多的基础知识，借此帮助你增加对应用行为分析的信心，但在这些篇幅中覆盖的内容，只不过是应用行为分析的冰山一角。

在本书的第一版中，我曾要求读者多提意见，以便将来在第二版中进行修改。我也确实收到了一些很出色的创意，并且尽力合理地运用到第二版中。除了增加更多术语条目的建议外，大多数读者的要求最终都归结为："请就如何实际操作应用行为分析提供更多的信息"，尤其是应用细节和案例研究。请记住，本书的初衷是一本简要的入门参考书，篇幅不宜太过冗长，我不可能面面俱到。

不过，如果你希望了解更多有关应用行为分析的知识，或希望能把这些技术用在自己孩子身上，现在也有大量现成的好书供你阅读。这些书有的比较新，有的已经出版了相当一段时间。在一些比较旧的书中，你会发现应用行为分析被称为行为矫正。

尽管有些人觉得最新的才是最好的，但目前的实际情况是多数学校和个人根本就没有足够的资金来满足基本需求，更不要说为他们的图书馆购买最新版的图书了。我在部分学校和其他机构的图书馆里转了转，看看有什么资源可帮助经济水平有限的老师和家长们解决不时之需，结果真的发现了一些我个人喜欢的"经典好书"。它们虽然被静静地放在书架的某个角落里，薄尘微蒙，但对了解和学习应用行为分析仍然助益匪浅。

所以，在我开始撰写另一本关于应用行为分析的专著，提供诸多"如何操作应用行为分析"的信息之前，我能做的是向大家推荐一些好书。这些书提供了很多有用的"操作指南"，而且可能就在你附近的书架上。这些书大部分不需要任何专业心理培训就能读懂。

谈到如何实际操作，有两本很好的书值得家长一读。一本是杰拉德·帕特森的《与孩子共同生活》（Gerald Patterson 1976），另一本是韦斯利·贝克尔的《父母为师》（Wesley Becker 1971）。这两位作者深入地讨论了许多已经介绍给读者们的应用行为分析原则，也提供了运用这些原则解决儿童行为问题的办法和思路。

对那些被自己的孩子搞得欲哭无泪，恨不得使用厌恶控制措施的家长来说，格伦·莱瑟姆的《积极养育的力量》（Glenn Latham 1994）是一本尤其好的读物。另一本可供父母阅读的好书是约翰和海伦·克鲁姆伯尔茨夫妇共同撰写的《改变孩子们的行为》（John and Helen Krumboltz 1972）。这本书列出了许多常见的儿童行为问题，并提供了以行为分析为基础来解决问题的对策。

无论孩子是否在孤独症谱系上，社交是许多孩子面对的主要问题。一本有趣的小册子《帮助孩子交朋友》就专门讲述了这个问题。作者是斯多金、阿瑞佐和李维特（Stocking, Arezzo, Leavitt 1979），这本书对任何成年读者也都有帮助。

对养育有特殊需要的儿童的父母和照顾者来说，《通向独立的台阶》（Baker 2004）是一本内容丰富的好书。这本书提供了许多教授各种日常技能的课程，如生活自理、如厕和游戏技能。《通向独立的台阶》系列读物取材于作者在"自由夏令营"的工作经历。"自由夏令营"是最早一批为有特殊需要儿童设立的、以行为为重点的夏令营之一，其历史可追溯到20世纪70年代。《通向独立的台阶》的第一作者布鲁斯·贝克（Bruce Baker），也是我最早的行为矫正老师之一，所以这绝对是一本老书。尽管《通向独立的台阶》已经面世三十多年，经过几次更新修订，但这套书仍在不断印刷出版中，所以你知道这绝对是好书！

值得一读的新书在不断出现。贝思·格莱斯伯格的《孤独症人士功能性行为评估》（Beth Glasberg 2005），深入探讨了如何运用前面读到的诸多概念。

玛丽·林奇·巴伯拉撰写的《语言行为方法：如何教育孤独症和相关障碍儿童》（Mary Lynch Barbera 2007）[1]解释了如何在家里使用应用行为分析，以帮助孩子沟通并应对其他行为问题，对家长来说，这是一本非常好的读物。

对正在为儿童开发和实施应用行为分析课程的人们来说，《应用行为分析课程指南》（Tyler Fovel 2002）是绝佳的资源。这本书探讨了一些基本的应用行为分析原则，重点强调如何把原则运用到孩子们身上。（对那些希望在本书中增加一些可复制表格的读者，请借鉴泰勒的书！）

由基南、克尔和迪伦伯格编辑的《成为孤独症治疗师的家长》（Keenan, Kerr, Dillenburger 1999）是一本饶有趣味的文章合集，多位父母和专业人士现身说法，探讨在对孤独症儿童运用应用行为分析原则进行治疗过程中出现的各种问题。这些作者都属于一个名叫"孤独症治疗家庭教育组织"（缩写为PEAT）的成员，该组织成立的目的是向北爱尔兰地区的父母们提供应用行为分析培训。这本书对应用行为分析的概括总结比较好，也提供了许多精彩的案例，讲述家长如何在应用行为分析专家的监督指导下，对自己的孩子进行治疗的故事。基南等人编著的第二本书《应用行为分析和孤独症》（2006）纳入了更多家长撰写的案例和其他发现。安东尼·格拉齐奥的系列著作《儿童

---

[1] 编注：《语言行为方法：如何教育孤独症和相关障碍儿童》（*The Verbal Behavior Approach: How to Teach Children with Autism and Related Disorders*）中文版2013年由华夏出版社出版。

行为治疗》（Anthony Graziano 1971）也值得一读。这个系列包括三本书，列举了大量颇为有趣的案例。

对于喜欢通过问与答的形式了解应用行为分析的读者来说，我推荐两本比较新的书。第一本是《如何像行为分析师那样思考》（2006），作者乔恩·贝利（Jon Bailey）和玛丽·伯奇（Mary Burch）回答了许多基础问题，对应用行为分析一些常见的误解和批评也提供了有效回应。第二本书是《家庭应用行为分析计划指南》（Elle Olivia Johnson 2013）。这本书回答了很多在家庭中开始实施应用行为分析计划的家长的问题，还有其他家长可能会问的问题。

除此以外，我推荐几本很出色的教科书水平的读物。穆雷·西德曼的《强迫及其后果》（Murray Sidman 1989）对于使用惩罚和其他厌恶控制措施的利弊进行了全面的探讨。苏尔泽和梅耶的《行为矫正程序教职人员指南》（Sulzer, Mayer）虽然早在 1972 年出版，但时至今日仍然是第一部非常全面介绍应用行为分析的专著，对于在学校环境与孩子们工作的前线老师来说，很有帮助。

对于从行为角度来研究儿童发展的学生来说，西德尼·比茹的《儿童发展行为分析》（Sidney Bijou 1995）是一本简短的介绍性专著。这本书于 1961 年首次面世，最新的修订版在 1995 年出版。罗兰德·萨普和拉尔夫·威齐尔 1969 年合著的《自然环境下的行为矫正》（Roland Tharpe, Ralph Wetzel）介绍了他们所开发的一种非常成功的咨询模式，通过与身处一线的"治疗师"，包括与家长、老师和其他有行为障碍的儿童的照顾者直接合作，进行应用行为分析治疗。这是一本相当高端的专著，可能行为分析师和其他参与家长及教师培训以及咨询人员会对此有特别的兴趣。

许多用于帮助孩子的行为课程都采取了某种形式的代币经济。如果你在参与代币经济的设置和管理，有两本书你会感觉很有意思。一本是《代币经济》（Alan Kazdin 1977），作者是卡兹丁；另一本的书名也是《代币经济》，不过作者却是泰德·艾龙和奈特·阿兹林（Ted Ayllon, Nate Azrin 1968）。（没错，两本书的书名是一样的，我也有点分不清楚。）卡兹丁的书对代币的历史背景、种类、如何使用并超越代币经济做了很好的总结，而艾龙和阿兹林具体介绍了最早的代币经济的使用，以及20世纪60年代他们在伊利诺伊安娜州立医院研发的教程，对想进一步了解历史的读者有帮助。

到目前为止，如果你已经读完了这本《应用行为分析入门手册》，可能还有几本其他的书，可以让你觉得自己能读更学术的文章。如果是这样，我推荐库珀等人合著的一本书，书名很简单，就叫作《应用行为分析》（*Applied Behavior Analysis*, Cooper, Heron, Heward 2007）。这是一本非常全面的教科书，写得很好。最后，如果你只是对研究一般意义上的行为主义感兴趣，那么，可以读斯金纳在1976年的经典著作《有关行为主义》（*About Behaviorism*）。

实际上，有很多书、光盘、影碟、录像和其他材料为与孤独症儿童和成人生活的人群提供帮助。除了本书英文版的出版商杰西卡·金斯利出版社，也有其他出版社对这个领域有特殊兴趣。拿到他们的书目或查看他们的网站，可能会有不同的收获。

就像我讲的，很多我提到的书都已经出版了相当长一段时间，但是学习的规律并没有改变，这些书在多年以后还很容易读到，已经证实了它们的实用性和受欢迎程度。希望你能享受阅读的过程，也希望当你使用应用行为分析的时候，能得到很大的强化！

索 引

A

废除型操作　abolishing operation, AO　24

意外 / 偶然强化　accidental / incidental reinforcement　49

前提　antecedents　20

应用行为分析　Applied Behavior Analysis, ABA　3

基本语言和学习技能评估　Assessment of Basic Language and Learning Skills, ABLLS　117

关注　attention　88

《孤独症诊断观察量表》　Autism Diagnostic Observation Schedule, ADOS　118

自动强化　automatic reinforcement　31

回避　avoidance　38

B

后备强化物　backup reinforcer　32

逆向串链（反向串链）　backward chaining (reverse chaining)　83

基线　baseline　64

国际认证行为分析师　BCBA (board-certified behavior analyst)　6

行为　behavior　10

行为分析师　behavior analyst　6

行为矫正　behavior modification　16

行为治疗师　behavior therapist　6

行为治疗　behavior therapy　6

行为契约（依联契约）behavioral contract (contingency contract)　96

行为对比　behavioral contrast　41

行为偏倚　behavioral drift　79

行为教育　behavioral education　108

行为动量　behavioral momentum　81

行为目标　behavioral objectives　63

行为预演　behavioral rehearsal　105

行为技能库　behavioral repertoire　52

行为学家　behaviorologists　9

行为学　behaviorology　9

贿赂　bribery　98

C

串链　chaining　82

作图　charting　112

经典条件作用　classical conditioning　53

临床行为分析　clinical behavior analysis, CBA　8

认知行为治疗师　cognitive behavior therapist　7

认知行为治疗　cognitive behavior therapy, CBT　7

附属行为　collateral behaviors　18

行为分析在学校中的综合运用　Comprehensive Application of Behavior Analysis to Schooling, CABAS　124

条件型强化物（二级强化物）　conditioned reinforcer (secondary reinforcer)　30

后果　consequences　28

依联契约（行为契约）　contingency contract (behavioral contract)　96

强化依联　contingency of reinforcement　4

连续强化　continuous reinforcement　45

人为设计的强化　contrived reinforcement　33

纠正　correction　101

内隐行为　covert behavior　18

内隐性条件作用　covert conditioning　55

D

死人规则　Dead Man Rule　11

要求渐褪　demand fading　100

差别强化　differential reinforcement　91

对替代行为的差别强化　differential reinforcement of alternative behavior, DRA　93

对高频率行为的差别强化　differential reinforcement of high rates of behavior, DRH　94

对不兼容行为的差别强化　differential reinforcement of incompatible behavior, DRI　92

对低频率行为的差别强化　differential reinforcement of low rates of behavior, DRL　95

对其他行为的差别强化　differential reinforcement of other behavior, DRO　92

直接教学法　direct instruction　108

直接教学法教授数学和阅读　Direct Instruction for the Teaching of Arithmetic and Reading, DISTAR　109

回合式教学　discrete trial training, DTT　121

区辨刺激　discriminative stimulus　21

分散练习　distributed practice　102

持续时间　duration　66

E

早期密集行为干预　Early Intensive Behavioral Intervention, EIBI　120

仿说　echoic　116

食用强化物　edibles　32

诱发　elicit　27

自发　emit　27

环境　enviroments　14

无错误学习　errorless learning　109

逃避　escape　37

建立型操作　establishing operation, EO　24

事件抽样　event sampling　65

循证实践　evidence-based practice, EBP　8

消退　extinction　39

消退爆发　extinction burst　39

外在强化物　extrinsic reinforcers　31

F

渐褪（辅助渐褪）　fading（prompt fading）　84

固定比率　fixed ratio, FR　45

固定时距　fixed interval, FI　46

流畅度　fluency　111

频数　frequency　12

功能分析　functional analysis　60

功能性行为评估　functional behavior assessment, FBA　60

功能性沟通训练　functional communication training, FCT　117

G

强化物的总体水平　general level of reinforcement, GLR　71

泛化　generalization　86

泛化型强化物　generalized reinforcer　32

指导式练习　guided practice　106

H

习惯化　habituation　35

I

随机教学　incidental teaching　121

完整性检查　integrity check　74

间歇强化（部分强化）　intermittent reinforcement (partial reinforcement)　45

内在强化物　intrinsic reinforcers　31

J

共同注意　joint attention　89

L

语言学习　Language for Learning　109

潜伏期　latency　67

学习　learning　13

限时保留　limited hold　94

Lovaas　120

M

行为的维持　maintenance of behavior　86

不当行为　maladaptive behavior　17

提要求　mand　116

集中练习　massed practice　102

模板配对　match to sample　114

示范　modeling　51

动因操作（建立型操作）　motivating operation, MO (establishing operation, EO)　24

动机评估量表　Motivotional Assessment Scale, MAS　70

N

自然环境　natural enviroment　14

自然情境教学　Natural Enviroment Teaching, NET　122

自然情境训练　Natural Enviroment Training, NET　122

自然强化物　natural reinforcer　33

反面练习　negative practice　101

负强化　negative reinforcement　36

非依联强化　noncontingent reinforcement, NCR　95

O

操作式条件作用　operant conditioning　28

过偿纠正　overcorrection　101

过度学习　overlearning　119

P

匹配　pairing　30

部分强化（间歇强化）　partial reinforcement (intermittent reinforcement)　45

个别化教学系统　personalized system of instruction, PSI　113

图片链　photo chaining　104

图片交换沟通系统　Picture Exchange Communication System, PECS　117

关键反应教学　Pivotal Response Treatment, PRT　123

积极行为支持　Positive Behavior Support, PBS　123

积极行为干预和支持　Positive Behavioral Interventions and Supports, PBIS　123

正面练习　positive practice　101

正强化　positive reinforcement　29

精准教学　precision teaching　110

前兆　precursors　26

普雷马克原理　Premack Principle　71

原始强化物　primary reinforcer　30

探测　probe　73

程序教学　programmed instruction　112

程序文本　programmed texts　113

渐进肌肉放松　progressive muscle relaxation, PMR　106

辅助　prompt　22

辅助依赖　prompt dependent　85

辅助渐褪　prompt fading　84

辅助等级　prompt hierarchy　86

人工环境　prosthetic enviroment　15

惩罚　punishment　40

R

激进行为治疗　radical behavior therapy　7

激进行为主义　radical behaviorism　7

频率　rate　12

强化区域　reinforcement area　98

强化清单　reinforcement menu　97

强化物抽样　reinforcement sampling　72

强化程序表　reinforcement schedules　45

放松训练　relaxation training　106

行为关联性法则　relevance-of-behavior rule　63

取代行为　replacement behavior　62

反应　response　17

反应类，行为类　response class, class of behavior　13

反应代价　response cost　43, 99

反应差别化　response differentiation　79

反向串链（逆向串链）　reverse chaining (backward chaining)　83

规则掌控的行为　rule-governed behavior　54

S

"打乱次序，每天一分钟，快速说出一切"　SAFMEDS: Say All Fast, Minute Each Day, Shuffled　112

餍足　satiation　34

散点图　scatter plot　68

脚本　scripting　105

二级强化物（条件型强化物）　secondary reinforcer (conditioned reinforcer)　30

背景事件　setting event　23

塑造　shaping　77

社会性强化　social reinforcement　32

社交技能训练　social skills training　103

社交故事　Social Stories™　104

螺旋式学习　spiral learning　119

自发性恢复　spontaneous recovery　40

标准行为图表　standard behavior chart (standard celeration chart)　111

标准速线图　standard celeration chart (standard behavior chart)　111

刺激　stimuli, stimulus　20

刺激控制　stimulus control　23

刺激等价　stimulus equivalence　114

刺激过度选择　stimulus overselectivity　89

迷信行为　superstitious behavior　49

T

命名　tact　116

目标行为　target behaviors　17

干预环境　therapeutic enviroment　15

淡化　thinning　47

罚时出局　time out　99

时间抽样　time sampling　66

代币经济　token economy　97

迁移训练　transfer training　106

回合　trial　17

V

可变时距　variable interval, VI　47

可变比率　variable ratio, VR　46

语言行为　verbal behavior　18

语言行为方法　verbal behavior approach　124

《语言行为里程碑评估及安置程序》　Verbal Behavior Milestones Assessment and Placement Program, VB-MAPP　118

视频示范　video modeling　104

译后记

很荣幸有机会翻译阿尔伯特·卡尼博士所著的《应用行为分析入门手册》。这本书用浅显的语言解释了应用行为分析的专业术语,介绍了应用行为分析的原则和常用操作程序。本书英文版问世多年来一直深受老师和家长的欢迎。无论从家长的角度,还是从一名专业人员的角度,我都强烈推荐这本实用的入门手册。

在最开始接触孤独症时,为了在最短的时间内了解应用行为分析,我曾去书店买了一堆书籍,这本书是其中之一。我很快发现,如果家长不具备心理学或行为分析的背景,大量的专业术语会让人感到困惑,无从下手。这本书的最大贡献是用轻松的方法解释了应用行为分析中常用的深奥术语,让它们不再神秘,并鼓励我们把应用行为分析的各种理念运用到日常生活中,为进一步学习应用行为分析建立一个良好的开端。

在国际行为分析师认证委员会(BACB)推出"注册行为技术员"(RBT)资质后,越来越多的美国机构开始将这本《应用行为分析入门手册》作为培养注册行为技术员的参考教材。我在取得BCBA资质以后,参与了培训一线老师的工作,这本手册被再次派上用场。

无论你正在帮自己的孩子进行干预,还是正在一线直接服务于有孤独症或其他特殊需要的儿童,或希望以后取得行为分析师的认证资质,这本书都应该对你有所帮助。孤独症儿童的早期干预需要一致性、持久性,治疗团队的每一个人都需要了解应用行为分析的理念和操作。作为家长，这本书能让我们成为"知识丰富的应用行为分析的用户"，懂得老师在做什么，为什么这样做，家长怎么能够最大限度地配合老师。作为一线老师，这本书能够帮助我们理解专业人员设置的干预计划，知道如何实施各种教学程序。只有老师和家长都理解应用行为分析的干预方案，并坚持一致执行，孩子才能取得最好的干预效果。

这本书的中文译本能够与大家见面，要感谢华夏出版社长期对孤独症干预书籍的普及做出的不懈努力。2016 年夏天，我正在准备注册行为技术员的培训，希望能以这本书作为培训的参考教材，但是苦于没有中文译本。幸好有华夏出版社联系了版权方，并争取到这本书的中文版权。感谢黄伟合教授（BCBA-D）、上海三叶草儿童康健园任瑞杰老师（BCaBA）、贾萌（BCBA 在读）和青岛以琳 BCaBA 团队对本书术语翻译提供的宝贵意见。感谢《行为原理（第七版）》的译者秋爸爸、陈墨对全书术语进行了审定工作，感谢他们在应用行为分析领域术语翻译上严谨认真的开创性努力。最后感谢我的爸爸马志欣，他在本书的翻译过程中帮我做了很多校对工作。无论我翻译书籍还是写文章，爸爸永远是我的第一读者，并及时提供反馈。

希望本书的中文版能够帮助广大国内读者初步了解应用行为分析，学到行之有效的方法，也能够帮助家长和老师一致地把应用行为分析的各种干预技巧运用在孤独症儿童的康复过程中。对于本书翻译的异议或建议，我殷切地希望读者给予指教。欢迎通过邮箱 ling717@gmail.com 与我联系。

马凌冬

2017 年 1 月于美国洛杉矶

图书在版编目（CIP）数据

应用行为分析入门手册：第二版 /（美）阿尔伯特·J. 卡尼 (Albert J. Kearney) 著；马凌冬译. --北京：华夏出版社，2017.9（2024.1 重印）

书名原文：Understanding Applied Behavior Analysis, Second Edition: An Introduction to ABA for Parents, Teachers, and other Professionals

ISBN 978-7-5080-9202-7

Ⅰ.①应… Ⅱ.①阿…②马… Ⅲ.①行为分析－手册 Ⅳ.①B848.4-62

中国版本图书馆 CIP 数据核字(2017)第 112041 号

Copyright ©Albert J.Kearney 2015
This edition published in the UK and USA in 2015 by Jessica Kingsley Publishers Ltd.
73 Collier Street, London,N1 9BE,UK　www.jkp.com
All rights reserved.
Printed in China

©华夏出版社 未经许可，不得以任何方式使用本书全部及任何部分内容，违者必究。
北京市版权局著作权合同登记号：图字01-2016-7836号

应用行为分析入门手册：第二版

作　　者	［美］阿尔伯特·J. 卡尼
译　　者	马凌冬
责任编辑	刘　娲
出版发行	华夏出版社有限公司
经　　销	新华书店
印　　装	三河市万龙印装有限公司
版　　次	2017 年 9 月北京第 1 版 2024 年 1 月北京第 4 次印刷
开　　本	710×1000　1/16 开
印　　张	10
字　　数	132 千字
定　　价	39.00 元

华夏出版社有限公司　地址：北京市东直门外香河园北里 4 号　邮编：100028
网址：www.hxph.com.cn　电话：(010) 64663331（转）
若发现本版图书有印装质量问题，请与我社营销中心联系调换。